Schriftenreihe Geschichte der Naturwissenschaften und der Technik
Johannes Kepler Universität Linz
herausgegeben von Franz Pichler und Gerhard Pohl

Band 50

Von Elektrisiermaschinen zu Richtfunksystemen

Aufsätze zum Sammeln elektrischer Geräte

Franz Pichler

,

Kommissionsverlag:
TRAUNER Verlag + Buchservice GmbH
Köglstrasse 14, 4020 Linz, Österreich/Austria

Herstellung:
Paco Medienwerkstatt
Huttengasse 47,1160 Wien

ISBN 978-3-99151-771-9

Franz Pichler

Von Elektrisiermaschinen zu Richtfunksystemen

Aufsätze zum Sammeln elektrischer Geräte

Universitätsverlag Rudolf Trauner

Schriftenreihe Geschichte der Naturwissenschaften und der Technik
Johannes Kepler Universität Linz

Herausgeber der Schriftenreihe

em. Univ. Prof. Ing. Dr. phil. Franz Pichler
c/o Systemtheorie
Technisch-Naturwissenschaftliche Fakultät
Johannes Kepler Universität Linz

Doz. Dr. phil. W. Gerhard Pohl
Langfeldstrasse 85
A 4040 Linz

Redaktion

Prof. Ing. Dr. Franz Pichler
c/o Systemtheorie
Johannes Kepler Universität Linz
A-4040 Linz

Band 50: Von Elektrisiermaschinen zu Richtfunksystemen
Aufsätze zum Sammeln elektrischer Geräte

BLAUPUNKT

Vorwort

Es gehört zu meinen Eigenschaften als Sammler, dass ich ungern etwas wegwerfe, sondern eher verschenke oder weiterhin zu einer etwaigen späteren Verwendung aufbewahre. Dies trifft auch für diese Schrift zu. Alle darin enthaltenen Kapitel wurden von mir bereits als Aufsätze in verschiedenen Zeitschriften veröffentlicht. Da sie dort vermutlich bereits zum „Altpapier“ wanderten, möchte ich diese erneut möglichen Lesern anbieten. Der Großteil davon wurde in der deutschen Sammlerzeitschrift „Trödler“ der GEMI Verlags GmbH, Rohrbach a.d. Ilm, gedruckt. Meine Aufsätze erhielten dort stets ein wunderbares Layout und die Zusammenarbeit war optimal. Ich vermute, dass meine Beiträge auch von der Lesergemeinde des „Trödlers“ geschätzt wurden. Ich bin dem GEMI Verlag und dessen Chefredaktion Frau Nicola Fritzsch sehr dankbar für die bisherige Zusammenarbeit und für das Verständnis und die Zustimmung zu diesem von mir hier vorgelegten „Autoplagiat“. Damit können die von mir über die Jahre verfassten Aufsätze zusammen in einer Schrift erscheinen. Die Schrift richtet sich wieder hauptsächlich an Sammler und solche, die es noch werden wollen. Nach Möglichkeit habe ich darin auch meine eigene Sammlungstätigkeit beschrieben. Der Bogen spannt sich von den Elektrisiermaschinen der Barockzeit bis zu den Richtfunksystemen neueren Datums. Frau Noemi Tifan, die beim Verlag Trauner, Linz, die Schriftenreihe betreut und Herr Jürgen Haunschmidt, der den Druck organisiert, haben mir auch diesmal die größtmögliche Unterstützung für die nun wirklich letzte Schrift von mir gegeben, wofür ich herzlich danke.

Puchenau im Juni 2025 — Franz Pichler

Inhaltsangabe

1 Einführung und Überblick

Diese Schrift richtet sich vor allem an Sammler, und solche, die es noch werden wollen, die sich für die Elektrizität und deren technische Anwendungen interessieren. Sie stellt eine Sammlung von weitgehend allgemein verständlichen Aufsätzen dar. Neben den prinzipiellen physikalischen Grundlagen geht es darin meistens darum, Eigenschaften von elektrischen Geräten, die einen Sammler interessieren genauer anzuführen. Die Anwendungen, die elektrische Geräte ermöglichen, sind zahlreich. Die Schrift gliedert diese in vier Gebiete.

Im ersten Gebiet „Elektrizität" werden in acht Aufsätzen spezielle elektrische Geräte vorgestellt, die meistens eine Bedeutung für die Elektrizität als Unterrichtsfach in der Schule oder an einer Universität haben.

Das zweite Gebiet „Elektrotechnik" enthält nur zwei Aufsätze. Im ersten Aufsatz werden die elektrischen Motore und Dynamos des 19. Jahrhunderts als Sammelgebiet betrachtet. Zusätzlich wird auch deren Verwendung als Spielzeug beschrieben. Der zweite Aufsatz ist den Messungen der elektrischen Größen, wie diese zum Ende des 19. Jahrhunderts durchgeführt wurden und den dafür verwendeten elektrischen Messgeräten gewidmet. Diese zeichnen sich für Sammler besonders durch ihre sorgfältige Gestaltung in Messing und Glas aus und geben Zeugnis von der hohen Handwerkskunst der damaligen Zeit.

Das dritte Gebiet, das in dieser Schrift behandelt wird, betrifft die „Telegraphie und Telefonie". Als Sammelgebiet bieten sich hier die verschiedenen Arten von Telegraphenapparaten an. Unter diesen haben die Morsetelegraphen wegen ihrer großen praktischen Bedeutung über den Zeitraum von 100 Jahren, beginnend etwa mit dem Jahr 1850, eine Sonderrolle. Während die Telegraphenapparate samt ihren für den Betrieb notwendigen zusätzlichen Instrumenten für den Sammler ein reiches Feld bieten, gilt das für die elektrischen Geräte, die in den Aufsätzen über „Historische Seekabel" und „Automatisierung der Telefonvermittlung" nicht in diesem Maße. Man kann jedoch, wie gezeigt wird, auch dafür für eine Sammlung wesentliche Bausteine erhalten.

Das vierte und abschließende Gebiet „Drahtlose Telegraphie (Funk) und Radio" ist in dieser Schrift mit insgesamt sieben Aufsätzen vertreten. In den ersten zwei Aufsätzen werden die Kristall-Detektorempfänger für den militärischen Einsatz und für den Schiffsverkehr behandelt. Bei diesen Geräten handelt es sich um Geräte die als Empfänger für die von Marconi erfundene Drahtlose Telegraphie eingesetzt wurden. In privaten Sammlungen sind diese Geräte kaum vorhanden. Eine andere Situation besteht für die im dritten Aufsatz behandelten Kristall-Detektorempfänger, wie diese in den ersten Jahren des öffentlichen Rundfunks verwendet wurden. Diese stellen bis heute ein reiches Sammelgebiet dar. Eine spezielle Rolle nahm in den ersten Jahren des Radios das „Radiobasteln“ ein, dem sich der vierte und fünfte Aufsatz widmet. Dieses wurde damals durch eigene Vereine von den „Radio-Empfangsamateure“ organisiert. Selbstgebaute Radioapparate aus dieser Zeit stellen ein interessantes spezielles Gebiet für das Radiosammeln dar. Während die Telegraphie über Leitungen und Kabel eine relativ sichere Übertragung der Signale erlaubt, ist dies für Funk- und Radiosignale nur eingeschränkt der Fall. Zur Gewährleistung einer sicheren Funkübertragung wurden deshalb spezielle Verschlüsselungsverfahren entwickelt. Die Kryptographie, ein spezielles Gebiet der Mathematik und Nachrichtentechnik, befasst sich mit der Konstruktion solcher Verfahren. Der sechste Aufsatz behandelt die Erfindung des Frequenzsprungverfahrens, wie dieses von der bekannten aus Österreich stammenden Schauspielerin Hedy Lamarr in der Zeit des Zweiten Weltkrieges erfunden wurde. Mit dem Aufsatz zu den Richtfunksystemen, die in den Nachkriegsjahren die Schaffung von Netzen zur landesweiten Versorgung der Sendestationen für UKW Radio, Fernsehen und Mehrkanal-Telefonie erlaubten, schließt dieses Gebiet.

Der Verfasser war bemüht in den einzelnen Aufsätzen auch seine eigene Sammeltätigkeit anzuführen. Dies um ein Beispiel zu geben und den Leser zur eigenen Sammeltätigkeit zu ermutigen. Des Weiteren hat der Verfasser in der Schrift versucht eigene Gedanken zum Sammeln und Bewahren der gesammelten Geräte sowie auch Hinweise zum Auflösen einer Sammlung zu geben. Der Leser möge diese nur als subjektive „Gedankensplitter“ betrachten.
Jeder Sammler entwickelt dazu eigene Vorstellungen. In allen Aufsätzen werden Hinweise zu Schriften, in denen man genauere Darstellungen findet, gegeben. Der Verfasser hat sich seit etwa fünfzig Jahren mit dem Sammeln elektrischer Geräte und von Büchern dazu beschäftigt. Aus Erfahrung weiß er, dass sich die meistens Sammler stark auf die Geräte selbst und deren technische Funktion konzentrieren. Die historischen Kenntnisse und Betrachtung aus technisch-wissenschaftlicher Sicht kommen dabei oft zu kurz. Zum Teil liegt das daran, dass Sammler nicht über eine ausreichende Bibliothek, in der zu den einzelnen Geräten nähere Angaben zu finden sind, verfügen. Zum Aufbau einer solchen Bibliothek kann zur Orientierung die in dieser Schriftenreihe erschienene Schrift „Praktische Anwendungen der Elektrizität 1850-1920“, die eine illustrierte Bibliographie von Fachbüchern darstellt, dienen.

2 Sammeln und Bewahren

Eigentlich hat der Verfasser mit dem Sammeln schon als Kind begonnen. Damals, in den ersten Jahren nach dem Zweiten Weltkrieg, ging es hauptsächlich darum irgendeine Art von Spielzeug zu bekommen. Das Sammeln geschah entweder durch Tausch mit Freunden oder durch „Organisieren", das heißt durch Einverleibung von Gegenständen die ohne Besitzer damals gegolten haben. Ein Spielzeugauto aus Zinkguss ohne Räder und mit abgeblättertem Lackanstrich war schon eine Kostbarkeit, die man vielleicht von einem Schulfreund gegen ein Taschenmesser oder ein kaputtes Feuerzeug erhalten konnte. Scheibenwischermotore, die man mittels eines Klingeltransformators zum Laufen bringen konnte, konnten nach dem Krieg von den abgestellten Autos eines Fuhrparks „organisiert" werden. Später in den 1950'er Jahren, als die Radiogeschäfte mit dem Slogan „Kaufe neuen Radio, bring den alten Radio als Anzahlung" war mein Interesse für das Radiobasteln schuld, solche alte Radios und andere elektrische Geräte mit dem Ziel diese zu reparieren, zu erwerben. Erst in den 1970'er Jahren begann ich mit dem Sammeln von antiquarischen Büchern im Bereich der Naturwissenschaften und der Technik, hier hauptsächlich zu Mathematik und Elektrotechnik. Um das Jahr 1980 kam zu meiner Leidenschaft für antiquarische Bücher auch die Leidenschaft für Geräte der Nachrichtentechnik, hier vor allem zu Telegraphenapparate und Radios. Auch die Liebe zu historischen Geräten und Instrumenten zum Unterricht in Physik kam dazu. Seither sind vierzig Jahre vergangen, eine Zeit in der meine verschiedenen Sammlungen gewachsen sind aber auch hin und wieder teilweise aufgelassen wurden.

Bevor auf meine Sammlungen hier eingegangen werden soll, soll versucht werden einige Gedanken zum Sammeln und zur Bewahrung der gesammelten Dinge zu betrachten. Auch wenn es scheint, dass heute das Sammeln, so wie ich das über viele Jahre durchführen konnte, bei der jüngeren Generation nicht mehr in Mode ist, so kann ich dennoch diese Passion jedem empfehlen. Für mich war es stets eine Bereicherung, weniger in finanzieller Hinsicht sondern durch den Gewinn an Wissen und auch mit der Freude ein eigenes Museum zuhause mit einer Dauerkarte zum Besuch zu haben.

1. Gedanken zum Sammeln

Wir wissen, dass Sammeln eine Leidenschaft ist. Diese wird geschürt durch das Abenteuer des Findens eines neuen Stückes zu der bestehenden Sammlung. Dazu werden Flohmärkte, Trödler und Antiquitätenhändler, Antiquariate, Zeitungsanzeigen etc. besucht bzw. zu Rate gezogen. Heute kommt das Internet als wichtiges Medium dazu. Dieses stellt natürlich eine effektivere Methode für den Sammler dar, ob man dabei aber die gleiche Freude erlebt, wie das in meinem Falle, wo ich Antiquariate durchstöbern konnte und auf Flohmärkten mehr zufällig ein Sammlungsstück entdeckte, bleibt dahingestellt. Auch der Kontakt zu Sammlerfreunden, den man auf Flohmärkten und in Antiquariaten herstellen konnte, fehlt. Obwohl die Sammler selbst eine Freude beim Finden, Ankauf und Besitz der Objekte erfahren und dafür auch einige Mühe und auch Geld eingesetzt haben, besteht zusätzlich auch der Wunsch, dass die Sammlung möglichst erhalten bleibt um so als Ganzes zu wirken. Des Weiteren hofft ein Sammler, dass die Sammlungsobjekte ihren Wert weitgehend erhalten und bei einem Verkauf dieser auch zum Ausdruck kommt.

2. Das Bewahren der Sammlung

Der Wunsch, dass die Sammlung erhalten bleibt, ist verständlich. Jeder Sammler möchte, dass die Arbeit des Sammelns nicht umsonst war. Allerdings muss hier auch berücksichtigt werden, dass das Sammeln selbst Freude macht und dass durch die Befassung mit den einzelnen Stücken, sei es durch die Erforschung der Geschichte, der Vornahme einer Restaurierung oder einfach, dass man sich am Besitz erfreut hat, bereits einiges abgegolten wurde. Sammler hegen auch die Hoffnung, dass eine Sammlung zur Weiterbildung der Menschen, da eine solche das Wissen der historischen Entwicklung unserer Zivilisation vermittelt, beiträgt.

In vielen Fällen muss zum Bewahren einer Sammlung die eigene Wohnung herhalten. Dass dies nicht immer einfach ist, ist bekannt. Der Ehepartner und die Familie haben hier mitzureden. Falls es hier Schwierigkeiten gibt, hilft sich ein Sammler mit dem Kellerabteil oder mit der vielleicht vorhandenen Garage oder er mietet sich geeignete Räumlichkeiten an. Schön ist, wenn die Sammlung sichtbar aufgestellt ist und nicht in Bananenschachteln versteckt ist. Es hängt vom Sammler ab, ob Er oder Sie (wir dürfen natürlich die weiblichen Sammler hier nicht vergessen) über den Ankauf und das Sammlungsobjekt genauer Buch führt. Vielfach wird dies dem eigenen Gedächtnis überlassen, ein Wissen das in späteren Jahren leider (oder auch oft „Gott sei Dank“) verloren geht. Ein Sammler, der das Glück hat, dass seine Sammlung gut sichtbar aufgestellt ist, kann sich stets daran erfreuen. Die Sammlung ist dann vergleichbar mit sonstigen Schmuckobjekten wie Bilder, Blumenstöcken und Skulpturen, die üblicherweise in einer Wohnung vorhanden sind. Ich habe das Glück, dass ich stets in meiner Wohnung die Teile der Sammlung, die ich gerne um mich haben wollte, dazu gehören Elektrisiermaschinen, Telegraphenapparate, historische Radiogeräte und auch elektrische Mess-Instrumente, aufstellen konnte und die weiteren Teile der Sammlung auswärts in einem gemieteten Raum in Regalen einlagern konnte. Ich habe das Glück, dass ich auch im Wohnzimmer bis heute meine Telegraphenapparate nebst Bücher, Fossilien und Mineralien um mich haben kann. Neben dem Wohnzimmer gibt es auch die „Gruselkammer“, mein Arbeitszimmer, wo neben dem zum Schreiben und für die Archivierung notwendigen Computer auch weitere Teile der Sammlung, vor allem historische Fachbücher aber auch Telegrapheninstrumente und spezielle Radios aufbewahrt werden.

Arbeitszimmer ("Gruselkammer")

Darüber hinaus wurde von mir über zwanzig Jahre ein Lagerraum in einem Bauernhaus angemietet, in dem neben Bücher weitere elektrische Geräte und Bestandteile dazu, aufbewahrt werden konnten. Heute ist dieses „Lager" aus Altersgründen bereits aufgelöst. Alle Bücher konnten an eine Universität in Wien weitergegeben werden, die Geräte und Bestandteile wurden entweder verkauft oder verschenkt.

Blick in das „Lager“

Elektrisiermaschinen im „Lager“

Geissler-Röhren und Urangläser im „Lager“

erschienen in „Trödler“ 08/2020

3 Elektrizität

Die Elektrizität gehört wohl zu den interessantesten Naturerscheinungen die wir kennen. Am augenfälligsten sind uns dabei Blitze, die bei Gewittern durch die elektrische Entladung von Wolken entstehen. Der amerikanische Universalgekehrte und Politiker Benjamin Franklin hat wohl als erster die elektrische Natur eines Blitzes erkannt. Bekannt ist das Experiment, mit dem man bei einem Gewitter von einem an einer Drachenschnur befestigten Schlüssel einen Funken ziehen kann. Weniger gefährlich sind die Funken, die wir nach einer Fahrt mit einem Auto nach Aussteigen bei der Berührung mit dem metallischen Garagentor beobachten können. Das Auto hatte sich durch die Reibung der Gummireifen an der Asphaltstraße elektrisch aufgeladen und diese Ladung geht an uns über. Autos werden damit ungewollt zu einer Art „Elektrisiermaschine“. Eine weitere bekannte Elektrisiermaschine dieser Art stellen Flugzeuge dar. Durch Reibung mit der Lufthülle lädt sich ein solches elektrisch auf. Um eine mögliche Explosion des Treibstoffes durch Funkenbildung zu verhindern sind an den Tragflächen eines Flugzeuges Drahtstifte („discharger“ genannt) befestigt, die eine Entladung durchführen.

3.1 Elektrisiermaschinen

Im Rahmen dieses Aufsatzes sollen solche elektrische Erscheinungen jedoch nicht weiter behandelt werden. Wir interessieren uns vor allem für Maschinen die von verschiedenen Naturforschern zur Erzeugung von elektrischen Ladungen im 18. Jahrhundert erfunden und gebaut wurden. Es sind dies Maschinen, die durch Reibung einen Glaskörper elektrisch laden und damit als Reibungselektrisiermaschinen bezeichnet werden. Diese stellen die erste Art von Maschinen zur Erzeugung von Elektrizität dar. Mit der Erfindung des galvanischen Elementes durch Volta im Jahre 1800 und der Entdeckung und Erforschung des Elektromagnetismus durch Örsted, Ampere und Faraday in der ersten Hälfte des 19. Jahrhunderts und der damit möglichen Konstruktion von magnetelektrischen Maschinen wurden später weitere wichtige Mittel zur Erzeugung von Elektrizität geschaffen. Als erste Konstruktion für eine Reibungselektrisiermaschine kann die vom Magdeburger Bürgermeister Otto von Guericke angefertigte Schwefelkugel, die er in seinem berühmten Buch vom Jahre 1672 als Modell für die Erdkugel verwendete, gelten. Durch Drehung und Reibung mit den bloßen Händen konnte er diese elektrisch aufladen und die anziehende Wirkung auf Flaumfedern zeigen. Eine schon als Maschine zu bezeichnende Reibungselektrisiermaschine stammt vom Londoner Instrumentenmacher Francis Hauksbee, die er in seinem Buch vom Jahre 1706 zeigte. Sie erinnert in der Form an ein Spinnrad. Eine teilweise evakuierte Glaskugel, die noch etwas Quecksilberdampf enthält, wird bei dieser mit einer Kurbel gedreht. Bei Reibung mit den Händen kann diese zum Leuchten gebracht werden, eine Erscheinung die man früher schon in Frankreich beim Hantieren mit Quecksilber-Barometern, damals als „Merkurisches Leuchten" bezeichnet, beobachtet hatte. Heute beruhen Gasentladungslampen, etwa Neon-Leuchtröhren, auf dem gleichen physikalischen Effekt.

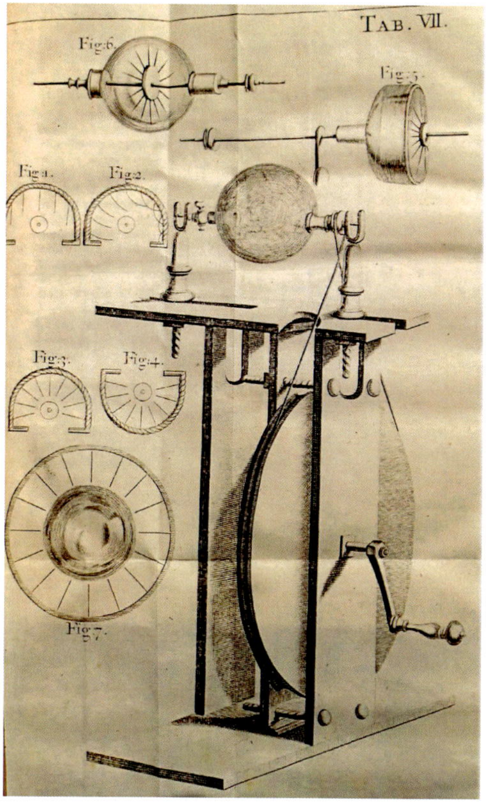

(1) Elektrisiermaschine von Hauksbee

In Deutschland haben sich verschiedene Personen dem Bau von Elektrisiermaschinen und der Weiterführung solcher elektrischen Experimente und deren Erforschung gewidmet. Bekannt geworden ist die in Leipzig wirkende Gruppe bestehend aus den Professoren Christian August Hausen (1693- 1743), Mathias Bose (1710- 1761) und Johann Heinrich Winkler (1703- 1770). Besonders kann hier Winter genannt werden, der in seinen Büchern aus den Jahren 1744,1745,1746 die Konstruktion von Elektrisiermaschinen, wobei statt Glaskugeln Glaszylinder in Form von Flaschen verwendet wurden, beschrieb. Winkler führte als erster auch die Verwendung von Reibkissen aus Leder, die mit einer amalgamierten Paste bestrichen waren, ein. Ebenso wird in seinem Buch vom Jahre 1746 zum ersten mal als wichtiges Zusatzinstrument die in der Zwischenzeit erfundene Leidener Flasche, mit der man Ladungen speichern konnte, behandelt.

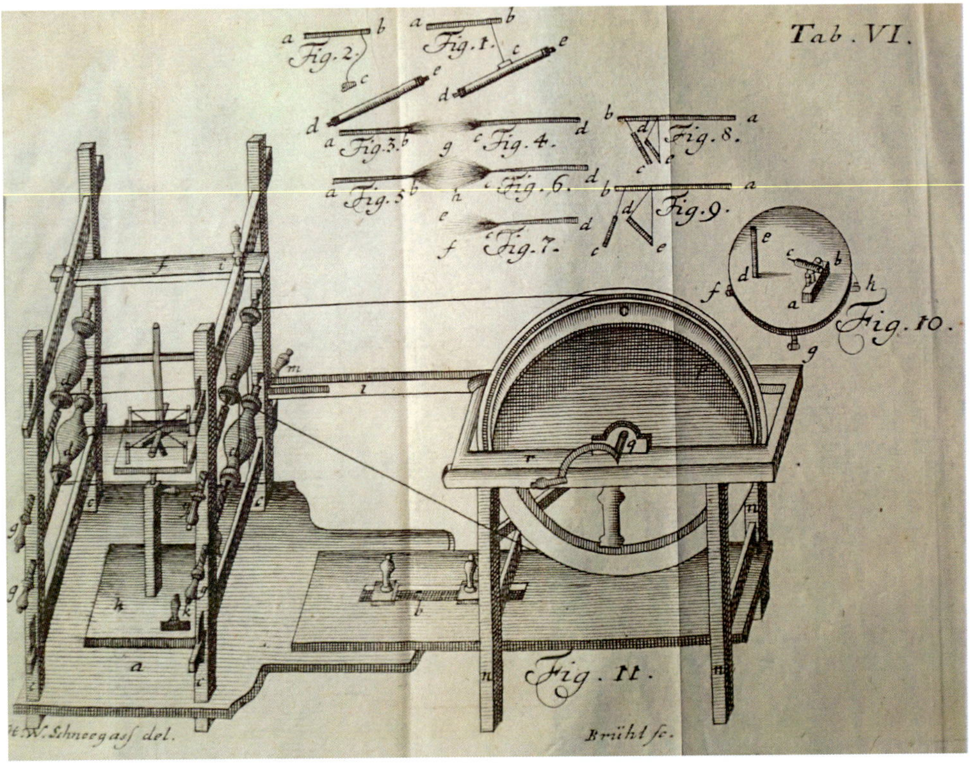

(2) Elektrisiermaschine mit vier Flaschen von Winkler

Das Experimentieren mit Elektrisiermaschinen mit sich drehenden Glaskugeln oder mit Glaszylindern wurde in dieser Zeit geradezu zu einem Sport, der sowohl an den Universitäten zu Unterrichtszwecken, in Göttingen war hier der bekannte Professor Georg Christoph von Lichtenberg (1734- 1790) besonders aktiv, und auch zur ergötzlichen Unterhaltung in den französischen Salons der besseren Gesellschaft, ausgeübt wurde. Sehr bekannt war hier zum Beispiel der Versuch zur Entzündung von Weinbrand durch den Funken der vom Degen eines elektrisch aufgeladenen Kavaliers übersprang und auch der „elektrische Kuss" den ein auf Hochspannung geladener Verehrer seiner Herzensdame gab.

(3) Entzündung von Weinbrand mit einem elektrischen Funken

(4) elektrischer Kuss

Wissenschaftliche Aufmerksamkeit erhielten Experimente medizinischer Art. Man versprach sich in der damaligen Zeit sehr viel davon, sei es um zu einer Verbesserung des Hörens oder des Sehens mit den Augen damit zu kommen. Besondere elektrische Experimente wurden vom französischen Priester Jean-Antoine Nollet (1700- 1770) durchgeführt, so zum Beispiele solche die den Einfluss der Elektrizität auf das Wachstum von Pflanzen und Tiere untersuchen sollten. Dieses Thema wurde auch vom italienischen Physiker Giacomo Battista Beccaria (1716- 1781) und besonders auch vom Physiker und Abt Bertholon de St. Lazare (1742- 1800) wahrgenommen.

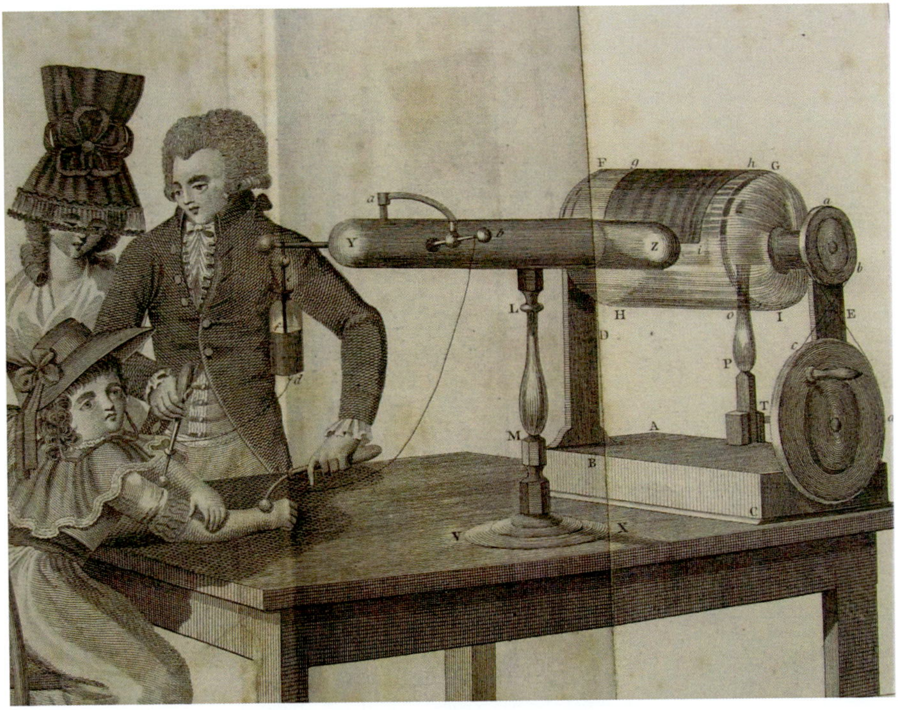

(5) medizinische Behandlung mittels Elektrizität

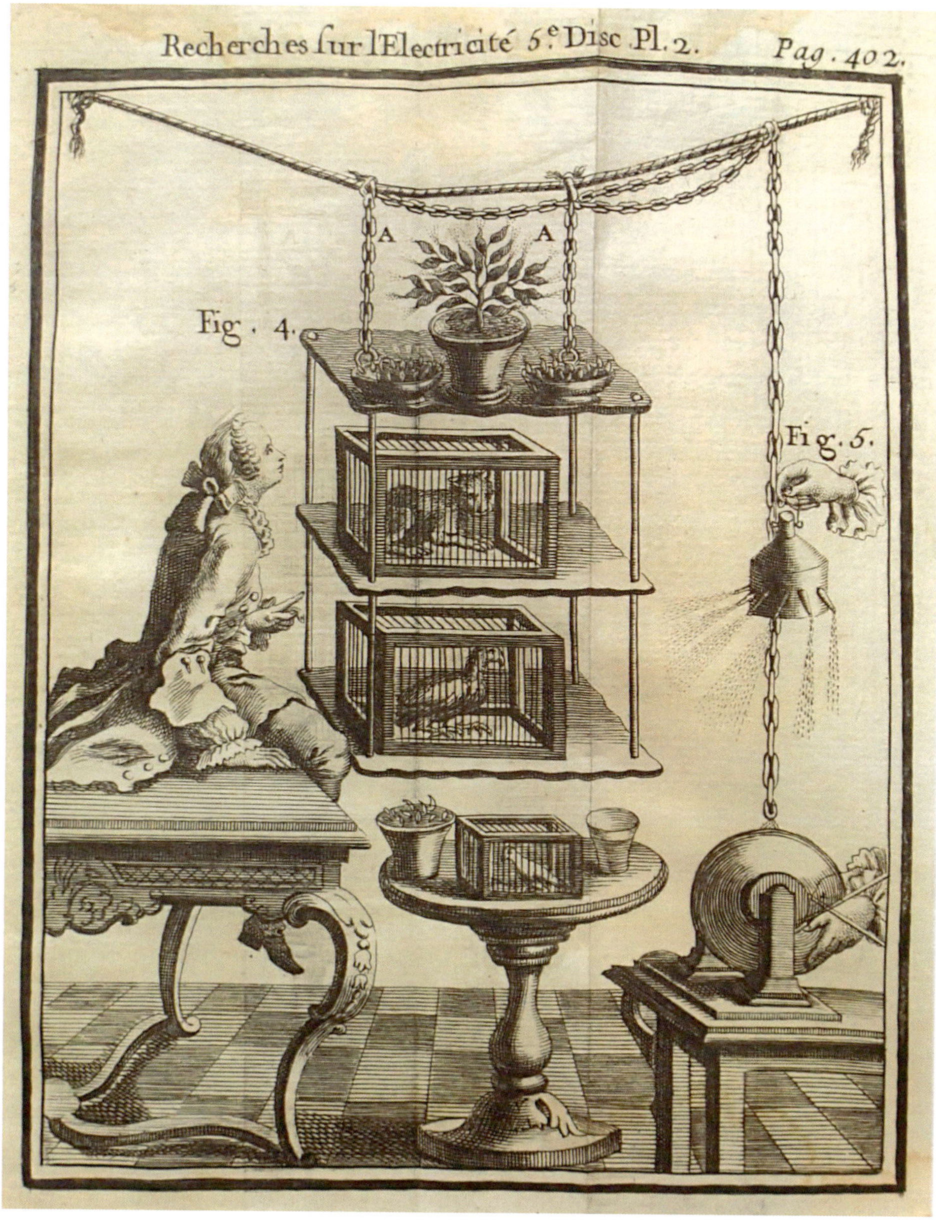

(6) Elektrisieren von Pflanzen und Tieren von Nollet

(7) Elektrisch geladenes Sprühen von Pflanzen und Bäumen von Bertholon

Gegen Ende des 18. Jahrhunderts hatte der Bau von Elektrisiermaschinen einen Höhepunkt erreicht. Als eine Besonderheit muss hier der Bau einer sehr großen und leistungsstarken Maschine für das Teyler Museum in Harlem (Holland) erwähnt werden. Diese wurde vom bekannten englischen Instrumentenmacher John Cuthbertson (1743- 1821) im Auftrag des holländischen Mediziners und Naturforschers Martinus van Marum (1750- 1837) konstruiert und angefertigt. Die Erzeugung der elektrischen Ladung durch Reibung geschah mit zwei Glasscheiben von 1,5 Meter Durchmesser zu deren Drehung vier Männer erforderlich waren. Von den großen Zylinder-Konduktoren konnten Funken bis zu 60 cm Länge gezogen werden. Dies entsprach einer elektrischen Spannung von etwa 300.000 Volt. Mit der „Van Marum Maschine“ konnte man als erstes Experimente zum Schmelzen von Metallen durchführen, mit der hohen Spannung konnten große leuchtende Büschel-Entladungen erreicht werden.

(8) Van Marum Maschine im Teyler Museum zu Harlem

In Deutschland, wie auch in den anderen europäischen Ländern, erzeugte die Befassung mit der Elektrizität- so wie das heute etwa für die Mikroelektronik der Fall ist - neue Berufe und Geschäfte. Findige Holz- und Silberdrechsler widmeten sich dem Bau von Elektrisiermaschinen und führten diese als Marktfahrer einem interessierten Publikum zur Unterhaltung und zum Kauf vor. Zu nennen ist hier der Augsburger Silberdrechsler Jacob Langenbucher (1738-1791) der zu seiner bisherigen Tätigkeit im Bau von Blitzableitern nun auch Elektrisiermaschinen zusammen mit dem für elektrische Experimente nötigen Zubehör anfertigte. Ein weiterer ebenfalls außerhalb der akademischen Welt stehender „Elektriker" war der ab dem Jahre 1788 in Nürnberg sesshaft gewordene „hochfürstlich-Anspach´scher Mechanicus" Johann Conrad Gütle (1747-1827). Die von ihm konstruierten Elektrisiermaschinen, die in seinen Büchern zu sehen sind, zeichnen sich durch eine besondere Schönheit aus.

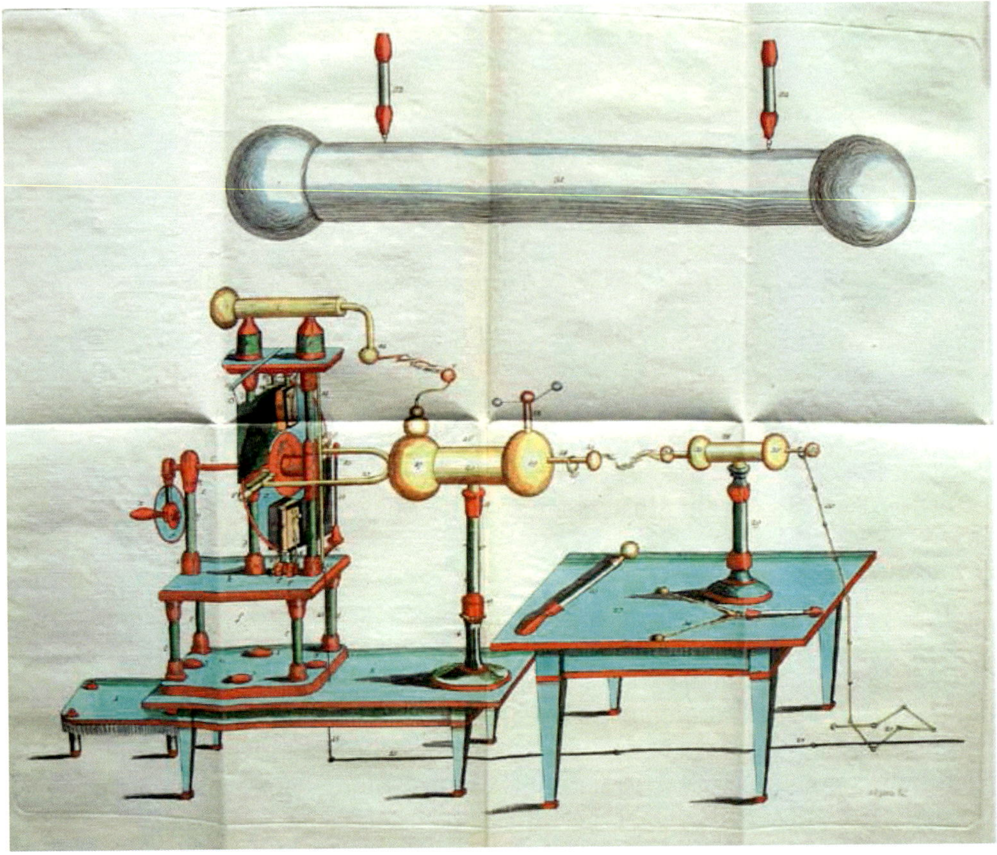

(9) große Elektrisiermaschine von Gütle

Neben solchen privaten „Elektrikern“ gab es auch eine Reihe von Ordensleute und Pfarrer, die eine Liebe zu Elektrisiermaschinen entwickelt haben. Neben Dominikus Beck (1732- 1791) in Salzburg und Joseph Weber (1753- 1831) in Dillingen ist der schwäbische Pfarrer Gottlieb Christoph Bohnenberger (1732-1807) zu nennen. Sein Buch „Beschreibung einer auf eine neue sehr bequeme Art eingerichteten Elektrisir-Maschine“ das in Stuttgart ab dem Jahre 1784 in vier Fortsetzungen erschien, stellt ein wichtiges Werk dar.

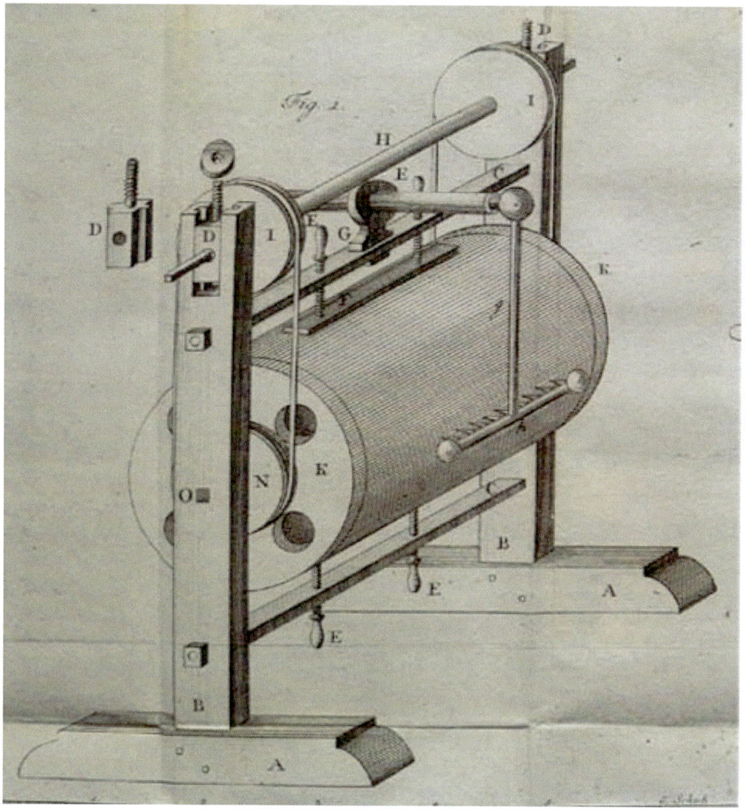

(10) Elektrisiermaschine von Bohnenberger

Mit der Erfindung des galvanischen Elementes durch den italienischen Physiker Alessandro Volta und der Erforschung des Elektromagnetismus durch Ampere sowie der elektromagnetischen Induktion durch Faraday und der damit gegebenen Konstruktion der magnetelektischen Maschinen entstanden, wie bereits einleitend erwähnt wurde, neue Möglichkeiten zur Erzeugung von Elektrizität. Die Bedeutung der Elektrisiermaschinen, mit denen durch Reibung diese erzeugt wurde, ging damit zurück. Für Unterrichtszwecke waren sie aber weiterhin an den Universitäten und Schulen in Verwendung. Hier setzte sich besonders die Konstruktion mit einem einzigen Reibzeug und einem durch einen Ring vergrößerten Konduktor, wie diese vom Instrumentenmacher Karl Winter aus Wien entwickelt wurde, durch.

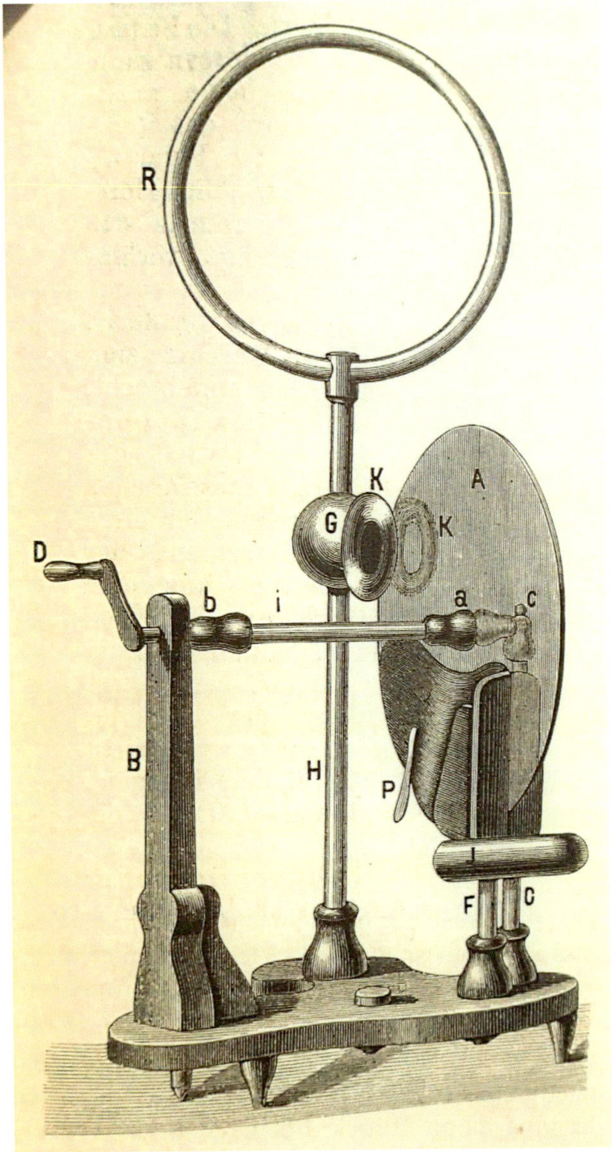

(11) Maschine von Winter mit Winter´schen Ring

Mit der Erfindung der Influenzmaschinen durch Holtz (1865) entstand jedoch ein neuer Typ von leistungsstarken Elektrisiermaschinen, wobei die Konstruktion von Wimshurst besonders erfolgreich wurde. Diese Entwicklung bedeutete schließlich auch das Ende des praktischen Einsatzes der in diesem Aufsatz behandelten Reibungselektrisiermaschinen.

(12) Wimshurst-Maschine neueren Datums

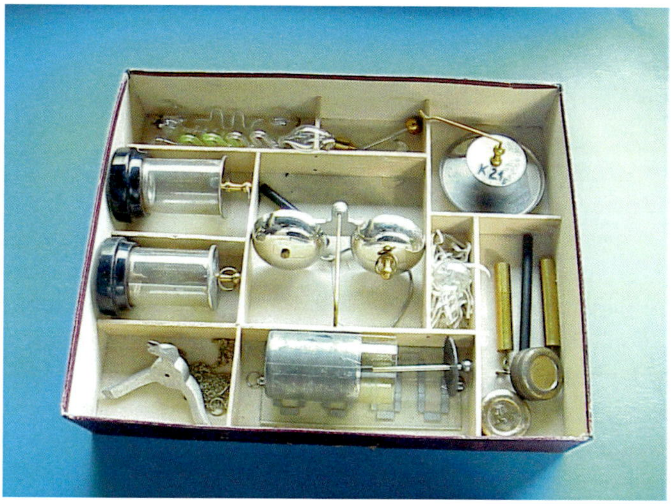

(13) Zubehör zur Wimshurst Maschine zum Experimentieren

Literaturhinweise

Heiko Weber: Die Elektrisiermaschinen im 18. Jahrhundert. VWB-Verlag für Wissenschaft und Bildung, 2011

Franz Pichler: Die Entwicklung der Elektrizität von Gilbert bis Galvani und Volta. Trauner Verlag, Linz 2014

erschienen in „Trödler“ 10/2024

3.2 Die Reibungs-Elektrisiermaschine von Karl Winter

Elektrisiermaschinen gehörten über hundert Jahre (etwa von 1850 bis etwa 1950) zum wichtigen Bestand in den Physikalischen Kabinetten der Universitäten und Schulen. Sie dienten für experimentelle Versuche zur Elektrizität, besonders zur Elektrostatik aber auch zur Erzeugung von Hochspannung für elektrische Blitze oder von Röntgenstrahlen. Neben den Reibungs-Elektrisiermaschinen, die Elektrizität mittels Reibung von Glas an einem amalgamierten Lederpolster erzeugten, wurden ab etwa 1880 zunehmend auch Influenz-Elektrisiermaschinen, hier besonders die von Wimshurst erfundene Bauart, eingesetzt. Bei den Reibungs-Elektrisiermaschinen ist die von Karl Winter, einem Instrumentenmacher aus Wien, entwickelte Maschine weltweit verwendet worden. Zu Karl Winter und seiner Firma ist jedoch bisher kaum etwas bekannt geworden. Dieser Aufsatz versucht hier einen Beitrag zu liefern. Dabei soll eingangs auch die Entwicklung der Elektrizität als Unterrichtsgegenstand, womit der Bedarf an Elektrisiermaschinen entstand, beleuchtet werden.

1. Historische Methoden zur Erzeugung von Elektrizität

Mit dem bereits im Altertum entdeckten Phänomen, dass durch Reibung eines Stück Bernstein (griech. „electron") mit einem Leder dieses die Eigenschaft bekommt leichte Papierschnitzel oder Vogelfedern anzuziehen, begann für die Menschheit das Zeitalter der Elektrizität. Vom englischen Instrumentenmacher Francis Hauksbee wurden zu Beginn des 18. Jahrhunderts die ersten Maschinen zur Erzeugung von Elektrizität angefertigt. Er verwendete dazu eine Art Drechselbank an der eine Glaskugel in Drehung versetzt werden konnte. Durch Reibung mit der bloßen Hand konnte Hauksbee damit zahlreiche elektrische Erscheinungen beobachten. Indem er in eine hohle Glaskugel etwas Quecksilber gab und die Glaskugel mittels einer Luftpumpe weitgehend luftleer machte, brachte er die Glaskugel zum Leuchten („Merkurisches Leuchten"). Er publizierte seine Ergebnisse im Jahre 1709 in einem Buch. [1]

In der Folge widmeten sich in ganz Europa, vor allem in England, Frankreich, Holland und Deutschland, zahlreiche Forscher aber auch Lehrer und Privatleute dem Bau von Elektrisiermaschinen und führten damit Experimente durch. Zu nennen sind hier Nairne, Cavallo, Adams, Ramsden, Cuthbertson in England, Nollet, de la Fond, Bertholon in Frankreich, Ingenhousz, van Marum in Holland, Hausen, Winkler, Krüger, Bohnenberger, Langenhuber, Gütle in Deutschland. Von Heiko Weber (Jena, jetzt Göttingen) wurde die Entwicklung der Reibungs-Elektrisiermaschinen in vorbildlicher Weise dargestellt. [2] Die mit solchen Maschinen durchgeführten Experimente führten zu wichtigen Ergebnissen der Physik. Sie führten zur Entdeckung der Influenz durch Wilke (1757), zur

Erklärung des atmosphärischen Blitzes als elektrische Erscheinung durch Franklin (1752), zur Feststellung der Ähnlichkeit von Elektrizität und Magnetismus durch Aepinus (1759) und zur Annahme einer „tierischen Elektrizität“ durch Galvani (1791).

Mit der Entdeckung des galvanischen Elementes durch Volta im Jahre 1800 war der bisher mittels Reibung erzeugten Elektrizität durch die „Kontaktelektrizität“ (durch den über einen Elektrolyten hergestellten Kontakt zwischen Kupfer und Zink) eine Konkurrenz entstanden. Nun konnte ohne mechanische Mittel Elektrizität mit einem chemischen Prozess gewonnen werden. Dies, im Gegensatz zu den Reibungs-Elektrisiermaschinen, jedoch mit hoher „Quantität“ (großem elektrischen Strom von einigen Ampere) aber dafür mit wesentlich geringerer „Qualität“ (vergleichsweise geringerer elektrischer Spannung von nur einigen Volt).

Ein weiterer Fortschritt in der Erzeugung von Elektrizität gelang in der Folge mit der Entdeckung der elektrischen Induktion durch Faraday (1831). Mit magnetelektrischen Maschinen (später mit dynamoelektrischen Maschinen) konnte nun mit mechanisch zu leistender Arbeit Elektrizität erzeugt werden. Die „Reibungselektrizität“ und die „Kontaktelektrizität“ erhielt damit durch die „Magnetelektrizität“ eine wesentliche Ergänzung. Die damit möglichen Anwendungen, besonders die damit konstruierten Motore und Generatoren, führten zu dem heute existierenden wichtigen Ingenieurfach, der Elektrotechnik.

2. Das Fach „Elektrizität“ in der Ausbildung an Universitäten und Schulen

Das Gebiet der Elektrizität wurde bereits sehr früh an den Universitäten gelehrt. Waren es zuerst Universitätskurse in Philosophie oder Theologie so nahmen sich in der Folge Professoren im Fach Physik dem Gebiet an. Auch in der Medizin wurde der Elektrizität Beachtung geschenkt. Als Beispiel für den Lehrstoff, der im 18. Jahrhundert an der Universität Göttingen im Gebiet der Elektrizität angeboten wurde, kann das von Lichtenberg in der 3. Auflage herausgegebene Buch von Erxleben dienen. [3] Der Zehnte Abschnitt „Von der Electricität“, Seite 495- 512, enthält die wichtigsten Ergebnisse, die man von der Elektrizität zu dieser Zeit wusste. Lichtenberg war als erfolgreicher Experimentator vom Gebiet der Elektrizität begeistert. Für seine Experimente benutzte er eine Glas-Zylindermaschine.

Abb. 1: Zylindermaschine von Grüel (Berlin)

Nach der Entdeckung des galvanischen Elementes (Volta 1800), des Elektromagnetismus (Oersted 1820, Ampere 1820, 1822,1823) und besonders der elektrischen Induktion (Faraday 1831) stieg in der Lehre an Universitäten das Interesse am Gebiet der Elektrizität. Als Beispiel dafür kann der Inhalt des bekannten Lehrbuches zur Experimentalphysik von Biot dienen. In der deutschen Übersetzung von Fechner (Leipzig 1824,1825) sind im 2. Band die Seiten 137-360 der Elektrostatik und dem Galvanismus gewidmet, im 3. Band wird in den Seiten 127- 224 der Elektromagnetismus behandelt.[4] In Österreich diente zu dieser Zeit das Werk „Die Naturlehre" des Wiener Universitätsprofessors Andreas von Baumgartner als approbiertes Lehrbuch für die Universitäten und Gymnasien. In der 1. Auflage dieses Buches (Wien 1824) sind die Seiten 190- 242 der Elektrostatik und dem Galvanismus gewidmet. In der 8. Auflage (Wien 1845) wurden der Elektrizität bereits 13 Kapitel eingeräumt (Seite 394- 524) wobei zur Elektrostatik und dem Galvanismus auch der Elektromagnetismus und die „Magneto-Elektrizität" kommt. [5]

Neben solchen Werken, die hauptsächlich für die Universitäten verfasst worden sind, entstanden in der zweiten Hälfte des 19. Jahrhunderts auch Lehrbücher, die für die Gymnasien und Realschulen gedacht waren. Für Österreich können hier die Bücher von Dr. Franz Josef Pisko angeführt werden. Sein Buch „Die Physik für Ober-Gymnasien", Brünn 1869, behandelt ausführlich im Kapitel VIII (Seite 226- 321) alle damals wichtigen physikalischen Erkenntnisse, die man von der Elektrizität in diesen Jahren im Unterricht zu behandeln hatte. [6] Ein weiteres Werk, das wegen seiner Ausführlichkeit erwähnt werden soll, sind die in Kleyer´s Mathematisch technisch-naturwissenschaftliche Enzyklopädie erschienenen Lehrbücher zur Elektrizität (Reibungselektrizität1886, Kontaktelektrizität 1887, Elektromagnetismus 1888, Elektrodynamik 1888, Induktionselektrizität 1889). Der Lehrstoff wird darin nach dem Schema „Frage/Antwort/Erklärung" unter Beigabe guter Zeichnungen und Abbildungen dargeboten. In der damaligen Zeit stellten diese Bücher für den Lehrer und auch zum Selbststudium sicherlich hervorragende Werke zum Studium der Elektrizität dar. [8]

3. Lehrmittel zur Unterstützung des Unterrichts im Gebiet der Elektrizität

Das in ständiger Entwicklung befindliche Gebiet der Elektrizität stellte die Universitäten und Schulen vor die Aufgabe, die zur experimentellen Demonstration notwendigen Gerätschaften für den Unterricht anzuschaffen. In den ersten Jahren konnten wohl an Universitäten geeignete Geräte entweder durch den Vortragenden selbst oder gegen Vorlage von Bauplänen durch bereits vorhandene Werkstätten hergestellt und geliefert werden. In der zweiten Hälfte des 19. Jahrhunderts hatte die Elektrizität wegen ihrer Bedeutung in den Lehrplänen der Universitäten und besonders auch in den oberen Stufen der Gymnasien ihren ständigen Platz gefunden. Dies bewirkte, dass sich eigene Firmen zur Erzeugung von Lehrmittel für die Durchführung elektrischer Experimente entwickeln konnten. In Österreich sind damit die Namen Winter, Ekling, Hauck, Lenoir & Forster, Pichler´s Witwe, Stefflitschek, um die wichtigsten davon zu nennen, verbunden. Im Folgenden soll speziell auf die von Karl Winter in Wien erzeugten Geräte eingegangen werden. Neben dem ursprünglich an der Universität tätigen Mechaniker Johann Ekling scheint Karl Winter die erste Firma, die sich in Österreich der Erzeugung von Lehrmitteln zum Unterricht im Fach der Elektrizität widmete, eingerichtet zu haben.

4. Die Firma Karl Winter in Wien

Im Wiener Firmenregister des Jahres 1870 von Lehmann steht „Carl Winter, Erzeuger von elektrischen Apparaten", Wien, Waggasse 5. Professor Dr. Fr. Jos. Pisko führt in seinem Buch „Die Physik für Obergymnasien" (Brünn 1869) an, dass Winter bereits 1845 eine gute elektrische Zündmethode entwickelt hat. Zur Frage, welche Art von Instrumenten von Winter erzeugt wurden, gibt der „Österreichische Bericht über die Internationale Ausstellung in London 1862", Wien 1863, eine Antwort. In dem Bericht zu den in der *„Classe XIII Wissenschaftlichen Instrumente"* ausgestellten Geräte (Seite 396-415, verfasst von Prof. Pisko) werden die Erzeugnisse des Wiener Elektrikers Winter angeführt und gelobt. Pisko schreibt:

„Wie die Winter'sche Maschine zur Erzeugung der Reibungselektrizität jede andere an Eleganz und Wirkung übertrifft, so überragen auch seine anderen elektrischen Apparate, als: Electrophore, Leydenerflaschen, electrische Zündvorrichtungen etc. etc. alles Aehnliche von den Mechanikern anderer Völker nach London gebrachte. Hier zeigt sich so recht die Macht der Einzelbeschäftigung; denn Winter arbeitet, vielleicht der einzige, in ausschliesslicher Weise Schulapparate für die Lehre von der Reibungselektrizität" [7]

Des Weiteren wird in dem Bericht von Pisko angeführt, dass Winter bei dieser Ausstellung als Auszeichnung eine *„ehrenvolle Erwähnung, für Instrumente zum Unterricht in der Physik"* erhalten hat. Im Katalog der „International Exhibition 1862" der Londoner Ausstellung findet sich genauer unter *„Class 29 Educational Works and Applications" 1188 States Ministry (I.R. Department of Instruction) Vienna,* folgende Liste von Geräten, die von Karl Winter ausgestellt waren:

Electrical Machine, 20 inches, 63 fl
Electrical Machine 12 inches, 17 fl
Electrical Machine 6 inches, 8 fl
Electrical mine firing machine, 25 fl
Hand electrical machine, 6 fl
Lane's glass, 6 fl
Resinous cake under glass with Lichtenberg figures, 4 fl
Hygro electroscope, 2 fl

Um weitere Angaben zur Firma Karl Winter zu erhalten, wurden dazu verschiedene Verzeichnisse zu Rate gezogen. Im österreichischen Firmenregister des Jahres 1870 steht:
„ Karl Winter Erzeuger von Elektrisiermaschinen, Bronz. Medaille Paris 1867, IV, Waggasse 5". Im Branchenverzeichnis von Lehmann steht unter „Maschinenfabrikanten bis 1883" Winter Karl (Mech.) Erz. von Elektrisiermaschinen, Waaggasse 5. Im Katalog der Internationalen Elektrizitätsausstellung in Wien des Jahres 1883 konnte kein Eintrag zur Firma von Karl Winter gefunden werden.

Durch die Tatsache dass Winter und auch Prof. Pisko in Wien IV, Wieden, ihren Wirkungskreis hatten, Pisko an der Kommunalen Oberrealschule in Wieden (heute „Bundesgymnasium Wien IV"), Winter mit seiner Wohnung und Firma ebenfalls in Wieden, kann vermutet werden, dass sich beide persönlich begegnet sind. Anlässlich der 150 Jahr Feier des Bestehens des Gymnasiums im Jahre 2005 wurden die derzeit noch vorhandenen „Antiquitäten" der Physiksammlung ausgestellt und auch die in den Jahresberichten angeführten Anschaffungen durchgesehen. Für 1855/56, dem ersten Schuljahr des Bundesgymnasiums, finden sich im Jahresbericht unter Punkt 9. der Neuzugänge nicht weniger als 28 Geräte zur Lehre von der Reibungselektrizität, die, wie Franz Josef Pisko selbst anführt *„von Herrn Karl Winter, Elektriker hier, mit besonderer Sorgfalt ausgeführt werden und empfehlen sich durch ihre vorzügliche Güte und besondere Nettigkeit"*

5. Persönliche Daten zu Karl Winter

Zum Leben von Karl Winter wurden folgende Daten gefunden: Carl Winter, geboren am 4.7.1798 in Mauer (heute Wien 23) Nr. 73. In Lehmann´s Adressbuch ist zu Winter für das Jahr 1870 im Personenregister zu finden: Karl Winter, Katastral-Lithograf, Erzeuger von Elektrisiermaschinen, Besitzer des Goldenen Verdienstkreuzes mit der Krone, Wien IV, Waggasse 501. Über „Anno" konnte in der Wiener Zeitung vom 12.12.1882 die Todesnotiz „Karl Winter, Elektriker IV, Waaggasse 5, gest. 8.12.1882 85-jährig an Altersschwäche" gefunden werden. In der Neuen Freien Presse vom 9.12.1882 erschien dazu ein Nachruf.

6. Die Elektrisiermaschinen von Karl Winter

Die Lehrbücher für den Physikunterricht zu Beginn des 19. Jahrhunderts zeigen verschiedene Arten von Reibungs-Elektrisiermaschinen. In der Regel handelt es sich dabei um Einscheiben-Glasmaschinen mit diametral angeordneten zwei Reibzeugen und senkrecht dazu als Saugapparat zwei Kämme mit Spitzen, die mit dem Konduktor verbunden sind. Diese Art von Maschinen kam allgemein in den 1770´er Jahren in Gebrauch. Bei den Erzeugern handelte es sich vorwiegend um kleinere Firmen die auf Bestellung lieferten. Es kann angenommen werden, dass um das Jahr 1850 an den Gymnasien die Elektrostatik eine gewisse Bedeutung erlangte. Zum Unterricht war dafür eine Elektrisiermaschine ein notwendiges Requisit. In diesem Zusammenhang stellte sich zweifellos auch die Aufgabe dafür eine preiswerte neue Konstruktion mit guter Funktion zu entwerfen. Diese Aufgabe hat Karl Winter mit seiner Maschine wahrgenommen und eine Lösung gefunden. Wir geben im Folgenden in genauem Wortlaut die Aussagen, die diesbezüglich Prof. Pisko in seinem Bericht zur Londoner Ausstellung gegeben hat, an:

„Die englischen Reibungselektrisiermaschinen sind alle noch nach alter Weise gebaut und zwar mit zwei gegenüberliegenden Reibzeugen und zwei Saugern, von welchen jeder von je einem Reibzeuge um einen Viertelkreis absteht. Da nun dabei die Sauger und ebenso die Reibzeuge lang sind und weit gegen den Mittelpunkt der Glasscheibe reichen, so rücken sich beide so nahe, dass bei einigermaßen hoher Spannung der Funken vom Sauger nach dem Reibzeug

zurückschlägt. Unser Elektriker Winkler hatte schon frühzeitig diesen Uebelstand durch eine bessere Eintheilung an der Scheibe entfernt. Er theilt den Durchmesser der Scheibe in drei Theile. Im ersten Drittel bringt er das Reibzeug an, zwei Drittel des Scheibendurchmessers davon entfernt den mit einer Spitze versehenen Sauger des Conduktors. Dabei liegen Sauger und Raubzeug viel weiter ab, als bei der van Marum'schen Maschine und jeder andern älteren Maschine. Ein Zurückschlagen des Funkens ist folglich hier in der Regel nicht möglich und mithin sind die Bedingungen für eine hohe Spannung am Conductor gegeben. In der That zeichnen sich die Winter's Maschinen vor allen andern durch hohe Spannung aus". [7]

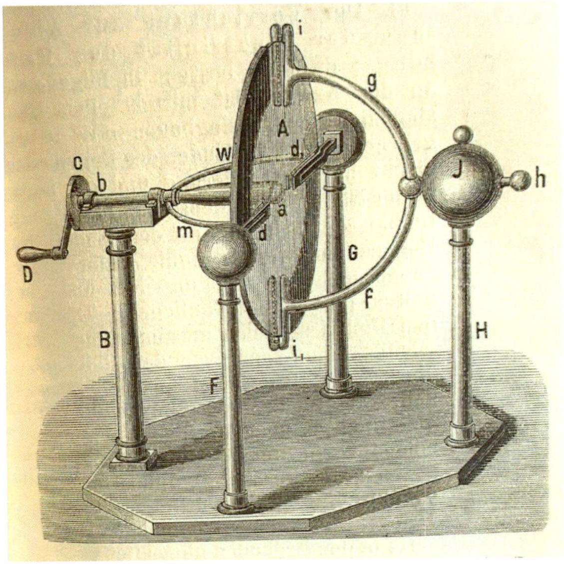

Abb. 2: Maschine von Cuthbertson (England)

Im Weiteren erwähnt Pisko, dass Winter dem Saugapparat eine Ringform gegeben hat, der gegenüber den bisher üblichen Saugkämmen einen geringeren Verlust an Elektrizität bedeutet. Der von Winter am Konduktor aufgesteckte Ring, hat im Inneren eine Drahtwendel und erhöht damit die Kapazität des Konduktors. Winter selbst hat erkannt, dass man auch einfach ein Metallrohr an den Konduktor anbringen könnte, betrachtete aber den Ring als die mehr eindrucksvolle und schönere Lösung.

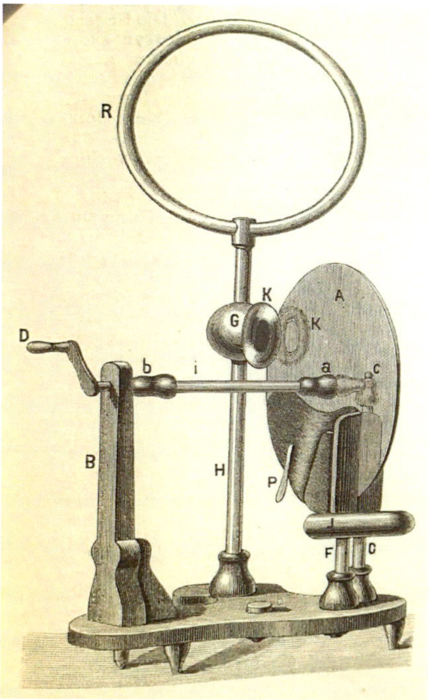

Abb. 3: Maschine von Winter (Wien)

Zusammenfassung

Der Aufsatz versucht den Beitrag des Wiener Instrumentenmachers Karl Winter zum Bau von elektrischen Apparaten für den Unterricht, hier im Besonderen zur Konstruktion von Reibungs-Elektrisiermaschinen, zu behandeln. Da die Konstruktion von Winter später weltweit bei der Anfertigung von Elektrisiermaschinen verwendet wurde, erschien es angebracht, dass über Karl Winter und seine Maschinen ein Bericht dieser Art verfasst wurde.

Dank

Herrn Dr. Siegfried Bernkopf, Gallneukirchen, sowie dem Verein „Familia Austria“ (Günther Ofner, Renate Fennes, Elisabeth Brunner) danke ich für die Angaben zu den persönlichen Verhältnissen von Karl Winter. Besonderer Dank gebührt den Physikprofessoren des Bundesgymnasiums IV in Wien, Frau Mag. Hermine Brandstetter sowie den Herren Gerald Born und Dr. Wolfgang Zikmunda, die mir hier eine wertvolle Hilfestellung gaben. Speziell möchte ich Herrn Dr. Zikmunda für die Übersendung genauer Angaben zu den Jahresberichten des Gymnasiums danken. Der Verfasser bedankt sich auch bei der Schriftenleitung von „plus Lucis“ für die vorgenommenen Korrekturen und Verbesserungs-vorschläge. Die Abbildungen sind dem Buch von Dr. A. Kleyer: Lehrbuch der Reibungselektrizität, Bremerhaven 1886, entnommen. [8]

Literaturhinweise

[1] Francis Hauksbee: Physico-mechanical experiments on various subjects. London 1709
[2] Heiko Weber: Die Elektrisiermaschinen im 18. Jahrhundert. VWB-Verlag für Wissenschaft und Bildung, 2011
[3] Johann Christian Polykarp Erxleben: Anfangsgründe der Naturlehre. Dritte Auflage, mit Zusätzen von G.C. Lichtenberg, Göttingen 1784
[4] J.B.Biot: Lehrbuch der Experimental-Physik. Dritte Auflage 1.- 4. Band Leipzig 1824,1825
[5] Andreas Baumgartner: Die Naturlehre nach ihrem gegenwärtigen Zustande mit Rücksicht auf mathematische Begründung. 1.- 3. Band, Wien 1824
[6] Prof. Dr. Fr. Jos. Pisko: Die Physik für Ober-Gymnasien. 2. Auflage, Brünn 1869
[7] Dr. Fr. Jos. Pisko: Wissenschaftliche Instrumente, Bericht II, in: Österreichischer Bericht über die Internationale Ausstellung in London 1862, S. 396- 415, Wien 1863
[8] Dr. A. Kleyer: Lehrbuch der Reibungselektricität, Bremerhaven1886
Dr. Oscar May: Lehrbuch der Kontaktelektrizität (Galvanismus), Bremerhaven 1887
Dr. Oscar May: Lehrbuch der Elektrodynamik (I, Teil) Stuttgart 1888
Dr. Adolf Krebs: Lehrbuch der Induktionselektrizität, Stuttgart 1889
Dr. Oscar May und Adolf Krebs: Lehrbuch des Elektromagnetismus, Stuttgart 1889

erschienen in „plus Lucis“ Ausgabe 2/2021

3.3 Die Elektromagnet-Motore von Page

Vergleich zu den europäischen Entwicklungen

1. Einleitung

Nach der Entdeckung des Elektromagnetismus durch Örsted im Jahre 1820 und den daran anschließenden wichtigen Arbeiten von Ampere wurde an verschiedenen Stellen versucht davon einen praktischen Nutzen zu erhalten. Eine wesentliche Grundlage dafür war der Elektromagnet, der von Sturgeon und auch von Henry der im Jahre 1825 zum erstenmal angegeben wurde. Neben dessen Anwendung in der Telegraphie war man daran interessiert diesen zum

Bau von Motoren, die in Ergänzung zur Dampfmaschine eine mechanische Arbeitsleitung erbrachten, einzusetzen. Im Folgenden soll versucht werden, diese Bemühungen darzustellen, wobei die vom amerikanischen Erfinder Charles Crafton Page entwickelten Konstruktionen besonders herausgestellt werden. Ein Ziel der Arbeit ist, diese mit den von europäischen Erfindern in dieser Zeit vorgestellten elektrischen Motoren zu vergleichen. Alle diese Motore konnten noch nicht praktisch eingesetzt werden. Sie dienten hauptsächlich als „philosophical instruments" zur Demonstration und wurden im Unterricht zum Fach Physik in eingesetzt.

2. Die elektrischen Geräte von Page

Charles Crafton Page (1812-1868) absolvierte das College der Harvard University und anschließend die Harvard Medical School. Neben seiner Tätigkeit als Arzt war er auch Berater in Patentfragen und interessierte sich dabei besonders für die Elektrizität. In den Jahren von 1836 bis 1839 widmete er sich voll diesem Gebiet als Erfinder und verfasste zahlreiche Arbeiten dazu, die er im bekannten „Silliman´s American Journal of Science" veröffentlichte [1]. Neben der Erfindung des Funkeninduktors, gleichzeitig mit Rühmkorff, sind hier besonders seine Konstruktionen von Elektromagnet-Motoren mit Schwungrad oder mit rotierendem Anker, zu erwähnen. Diese gehören in den USA zu den ersten elektrotechnischen Geräten, die neben ihrer Verwendung im Unterricht auch als Vorbild für praktisch einsetzbare Motore dienen konnten. Ein spezieller Glücksfall war für Page dadurch gegeben, dass seine Konstruktionen von der in Boston existierenden Mechaniker-Werkstätte von Daniel Davis,Jr. in Serie für den Unterricht an Colleges und Universitäten angefertigt wurden und damit eine weite Verbreitung erhielten. Davis gehört sicher in den USA zu den ersten Erzeugern von physikalischen Lehrmitteln. Das von Davis herausgegebene Buch „Davis´s Manual of Magnetism" [2] vom Jahre 1848 und der dazugehörige Katalog [3] zeigen das reiche Angebot. Ein kommentierter Überblick zu den verschiedenen von Davis erzeugten Apparaten wurde von Thomas B. Greenslade Jr , Emeritus Professor für Physik, Kenyon College, Gambier, Ohio in der umfangreichen Arbeit „Instruments for Natural Philosophy" gegeben [4].

---

1 Early Electrical Apparatus of Charles Crafton Page. In www "American Artifacts" Articles Online, 10 Seiten
2 Daniel Davis Jr: Manual of Magnetism, Boston 1848
3 Daniel Davis Jr: Catalogue of Apparatus, Boston 1848
4 http://physics.kenyon.edu/EarlyApparatus/index.html

3. Die elektrischen Motore von Page

In diesem Aufsatz geht es uns nur um elektrische Motore, die Charles Crafton Page in der Zeit von 1837-1846 konstruiert hat und die ab 1848 in der Werkstätte von Daniel Davis Jr in Boston erzeugt wurden. Im Einzelnen sind dies die folgenden in Bildern gezeigten Motore:

Reciprocating Armature Engine (RAE)

Dieser Motor von Page geht auf seine Publikation in Silliman´s Journal vom Jahre 1839 zurück. Er kann international als einer der ältesten elektrischen Motore angesehen werden.

Bild 1: Elektromagnet-Motor mit Schwingbalken-Armatur

Horizontal Axial Engine (HAE)

Dieser Axial-Motor von Page entstand um 1846 während der Zeit seiner Tätigkeit am US Patentamt in Washington. Die Weiterentwicklung führte zu einem Motor der zum Antrieb einer Eisenbahn-Lokomotive eingesetzt werden sollte. Der Versuch schlug aber fehl.

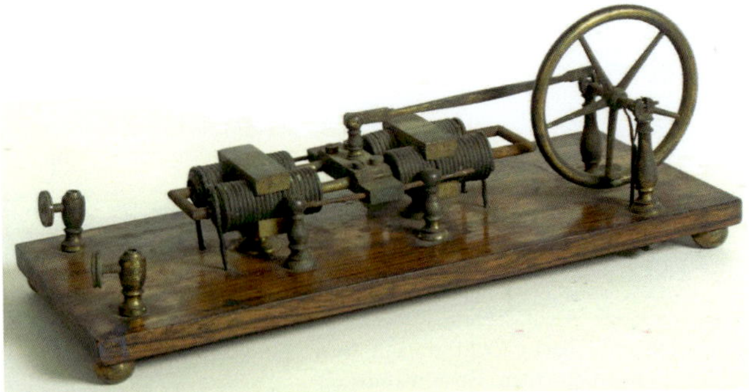

Bild 2: Elektromagnet-Motor mit Schiebestangen Armatur

Von Page wurden in dieser Zeit auch Motore von Typ der Axial Maschine mit aufrecht stehenden Spulen entwickelt, wobei mittels drehbarer Balken abwechselnd ein Weicheisen-stab in die Spulen hineingezogen wurde. Von dieser Bauart konnte Page im Jahre 1846 einen größeren Motor herstellen mit dem er eine Kreissäge und eine Drehbank antreiben konnte.
Bild 3 zeigt ein von Daniel Davis Jt gebautes Exemplar eines solchen Motors.

Double Beam Axial Engine (DBAE)

Bild 3: Page Motor von Daniel Davis Jr mit aufrechten doppelten Spulen

Neben der „Reciprocating Armature Engine“ mit Schwingbalken und den beiden Axial Motoren mit liegenden oder aufrecht stehenden Spulen in die Armaturen aus Weicheisenstäben eintauchen, hat Page noch weitere Konstruktionen vorgeschlagen, die von Daniel Davis Jr. in seiner Bostoner Werkstätte gebaut wurden und als Lehrmittel an die amerikanischen Colleges und Universitäten verkauft wurden. Die im Folgenden gezeigten Exemplare erinnern an Konstruktionen die von Froment in Paris und von Ritchie in London gebaut wurden.

Revolving Armature Engine (RAE)

Bild 4: Elektromagnet-Motor mit rotierender Weicheisen-Armatur

„Ritchie´s Revolving Magnet (RRM)

Bild 5: Elektromagnet- Motor mit rotierendem Elektromagnet

Genaue Beschreibungen der Funktionsweise aller dieser Motore wurde von Davis in seinem „Manual of Magnetism“ gegeben. Diese wurden von Greenslade auch in seine Arbeit aufgenommen. Hier soll nur angeführt werden, dass die Motore RAE, HAE und auch DBAE die lineare Bewegung der Armatur jeweils mittels einer Pleuelstange (engl. crank) in die Rotation eines Schwungrades (engl. fly-wheel) umsetzen. Bei den Motoren RAE und RRM bewirkt dagegen die magnetische Kraft jeweils direkt die Rotation der Armatur. Die abwechselnde Einschaltung der Elektromagnete geschieht durch einen auf der Achse des Schwungrades bzw. der Armatur angebrachten Kontaktes (engl. break-piece). Während die Motore RAE,HAE und DBAE mit Sicherheit Erfindungen von Page sind, haben die Motore RAE und RRM mit dem Motor von Froment bzw. dem Motor von Ritchie, wie bereits erwähnt, europäische Vorbilder.

4. Die Motore von Page an amerikanischen Colleges und Universitäten

Von Professor Greenslade wurden im Jahr 1975 zahlreiche Colleges und Universitäten aufgesucht und der dortige Bestand an historisch interessanten Geräten für den Unterricht in Physik aufgenommen. Dazu gehörten auch die von Daniel Davis Jr und der Nachfolger-Firma
Palmer & Hall erzeugten Motore von Page. Greenslade hat in seinen Bericht jeweils auch die Bilder dazu aufgenommen. Wir begnügen uns hier, dass wir zu den einzelnen Motoren jeweils den Ort der Aufbewahrung dazu angeben.

RAE	Vassar College, Havard University, University of Missisippi, Transylvania University, Yale University
HAE	Smithonian Institution
DBAE	Harvard University
RAE	Transylvania University, Grinnell College, Harvard University, Smithonian Insitution
RRM	Oberlin College, Harvard University, Amherst University, University of Mississippi

5. Elektromagnet-Motore der frühesten Zeit in Europa [5]

Mit der Entdeckung des Elektromagnetismus sind auch in Europa an verschiedenen Orten Versuche zum Bau von „Bewegungsapparaten“ und Motore unternommen worden. Bereits von Faraday wurde im Jahre 1821 ein „Rotationsapparat“ mit dem elektromagnetisch eine Drehbewegung erzeugt wurde, angegeben. Es folgte 1823 das Barlowsche Rad und 1834 die Maschine des italienischen Physikers Dal Negro. Der von Ritchie im Jahre 1833 gebaute Rotationsapparat bei dem ein Elektromagnet im Feld eines Dauermagneten in Drehung versetzt wird kann bereits als ein elektrischer Motor angesehen werden. Besonders gilt dies jedoch für den von Jacobi im Jahre 1834 angegebenen Motor, der im Wesentlichen eine vierpolige Ausführung des Motors von Ritchie ist, wobei aber der Dauermagnet durch zwei Elektromagnete

---

[5] Georg Dettmar: Die Entwicklung der Starkstromtechnik in Deutschland.
ETZ-Verlag, Berlin-Charlottenburg 1940

ersetzt ist. Im Jahre 1838 baute Jacobi einen aus zwölf Hufeisen-Elektromagneten als Stator und zwölf Stabmagneten als Rotor aufgebauten Motor mit dem bereits eine praktische Leistung erzielt werden konnte. Als weitere europäische Erfinder von elektrischen Motoren können für diese Zeit noch Stöhrer (1841), Elias (1842) und Grüel (1853) und Froment (1833) genannt werden. Von besonderer Bedeutung war jedoch der von Pacinotti im Jahre 1860 konstruierte Motor, bei dem der Rotor aus einem Weicheisenring bestand, der abschnittsweise mit Spulen umwickelt war. Die damit entstandene „Ringanker-Maschine" erhielt im Jahre 1869 durch Gramme eine für die Praxis geeignete Ausführung.

Mit der Entdeckung des dynamoelektrischen Prinzips durch Siemens und Wheatstone im Jahre 1866 wurden die bisher zur Erzeugung eines elektrischen Stromes eingesetzten magnetelektrischen Maschinen durch Dynamos weitgehend ersetzt. Mit Dynamos konnte nun aber genug elektrische Energie erzeugt werden um Motore, bei denen sowohl der Stator als der Rotor als Elektromagnete ausgebildet waren, zu bauen. Neben dem Ringanker-Motor entstand damit auch der Trommelanker-Motor, beides Formen die bis heute von Bedeutung sind. Trotz dieser Entwicklung gab es immer noch Versuche von Erfindern mit Elektromagnet-Motoren der alten Bauart um eine größerer Leistung zu erzielen. In Österreich ist hier der Motor des Tiroler Mechanikers Kravogl vom Jahre 1867, von ihm als „Kraftrad" bezeichnet, zu nennen. In Böhmen entwickelt der Jesuitenpater Egger einen mit vier starken Elektromagneten ausgerüsteten Motor. Beide können vom Funktionsprinzip als gleichartig zu den vorher besprochenen Elektromagnet-Motoren von Page gesehen werden. Der Motor von Kravogl benutzt, wie von Pfaundler erklärt wurde, das Prinzip der Schiebestangen, der Motor von Egger ist im wesentlichen eine Version des Schwebbalken-Motors von Page mit vier Elektromagneten. Beide Motore sind heute im Bestand des Technischen Museums Wien. Das Tschechische Nationalmuseum besitzt eine besondere Ausführung des Egger Motors bei der auch die Armatureisen als Elektromagnete ausgeführt sind. Sowohl der Motor von Kravogl als auch der Motor von Egger führten jedoch zu keiner praktischen Verwendung. Mit beiden Motoren wurde nur ein Wirkungsgrad von 15% bzw. 25% bei einer jeweiligen Leistung von 0,01 PS erzielt [6],[7].

---

[6] L.Pfaundler: Über die Mantelringmaschine von Kravogl und deren Verhältnis zur Construction verbesserter dynamoelektrischer Maschinen.
Zeitschrift des Elektrotechnischen Vereins in Wien, 1. Jahrgang, Wien 1863, S. 113-115, 141-145

[7] Prof. Rud. Handmann,S.J.: Bericht über den Egger´schen elektromagnetischen Motor.
Zeitschrift für Angewandte Elektrizitätslehre, 1. Jahrgang, Band 1, München 1879, S. 52-60, 77-107

6. Die ersten elektrischen Motore für den Unterricht in den europäischen Ländern

Auch in den europäischen Ländern wurden für den Unterricht in Physik an Gymnasien und an den Universitäten elektrische Motore der gerade beschriebenen Art benötigt. Wohl gab es im 19'ten Jahrhundert in den meisten europäischen Ländern ausgezeichnete Hersteller von wissenschaftlichen Instrumenten für die klassischen Gebiete der Physik wie Mechanik, Optik und Akustik [8], [9]. Für das neue Gebiet der Elektrizität musste dies erst geschaffen werden. Die Gymnasien und Universitäten lösten in den ersten Jahren das Problem dadurch, dass man sich einzelne Exemplare der benötigten elektrischen Geräte und Instrumente, darunter auch elektrische Motore der verschiedenen Bauart, von den örtlich vorhandenen Mechanikern anfertigen ließ. Vielfach geschah dies unter Mithilfe der Lehrer und Professoren. Erst ab dem Zeitpunkt zu dem das Fach Physik im Unterricht an Gymnasien eine größere Bedeutung erhielt, entwickelten sich Firmen, die eine Serienfertigung von Lehrmitteln für das Fach Physik, darunter auch elektrische Motore, aufnahmen. In Deutschland kann dafür die Firma Max Kohl in Chemnitz und die Firma Leybold in Köln genannt werden. Von beiden Firmen haben sich bis heute ausführliche Kataloge erhalten, die das umfangreiche Angebot zeigen. In Österreich kann neben anderen die Firma Franz Stefflitschek in Wien hier genannt werden.

7. Vergleich der Motore von Page mit europäischen Motoren ähnlicher Bauart

Der Page Motor vom Typ RAE (Reciprocating Armature Engine) wurde in der Werkstätte des "Magnetical Instrument Maker" Daniel Davis Jr in der Zeit von 1842 bis 1848 gefertigt. Von der Bauart ist er vergleichbar mit der des italienischen Physikers Dal Negro vom Jahre 1830. Page hat seine Konstruktion im Jahre 1839 in „Silliman's American Journal of Science" publiziert. Es kann mit großer Sicherheit angenommen werden, dass Page keine Anleihe von Dal Negro genommen hat und davon unabhängig war. Vom bekannten französischen Mechaniker Jean-Gustave Bourbouze (1825-1869) ist ein Motor erhalten, der ähnlich zu Page einen Schwingbalken zur Bewegung der Weicheisen-Armatur einsetzt. Es kann sein dass Bourboize die Konstruktion von Page gekannt hat, vielleicht war der Motor aber auch seine eigene Erfindung.

---

[8] Gerard LÉ. Turner: Nineteenth-Century Scientific Instruments.Sotheby Publications, London 1983

[9] P.R. de Clercq (ed.):Nineteenth-Century Scientific Instruments and their Makers. Museum Boerhaave Leiden, 1985.

Bild 6: Motor von Bourbouze

Der Page Motor vom Typ HAE (Horizontal Axial Engine) wurde später in europäischen Werkstätten und Lehrmittel-Erzeugern vielfach nachgebaut und gilt in Europa schlechthin als der „Page Motor“. Im Gegensatz zur originalen amerikanischen Ausführung sind in der europäischen Ausführung die beiden Magnetspulen aneinandergereiht und die als Stab ausgeführte Weicheisen-Armatur wird, vergleichbar zum Zylinder einer Dampfmaschine, hin und her geschoben und bringt über die Pleuelstange das Schwungrad in Drehung.

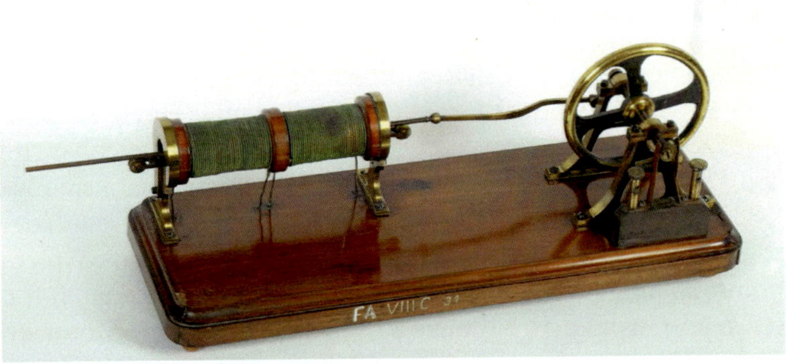

Bild 7: Page Motor, Franz Stefflitschek, Wien ca 1910

Der Motor von Page mit aufrecht stehenden Spulen (Double Beam Axial Engine DBAE) wurde von europäischen Lehrmittel-Herstellern gerne nachgebaut. Das in Bild 8 gezeigte Exemplar der Firma Franz Stefflitschek ist besonders sorgfältig gestaltet, vielleicht war es eine Prüfungsarbeit im Rahmen der Ausbildung.

Bild 8: Page Motor von Franz Stefflitschek, Wien, ca 1910

Es bleibt noch übrig für die Page Motoren vom Typ RAE (Revolving Armature Engine) und RRM („Ritchies" Revolving Magnet) die entsprechenden europäischen Typen anzugeben. Dem Page Motor RAE entspricht der bekannte Motor des französischen Mechanikers und Erfinders Paul-Gustave Froment (1815-1865) , der Motor RRM entspricht dem Aufbau nach der von Ritchie im Jahre 1833 angegebene Apparat.

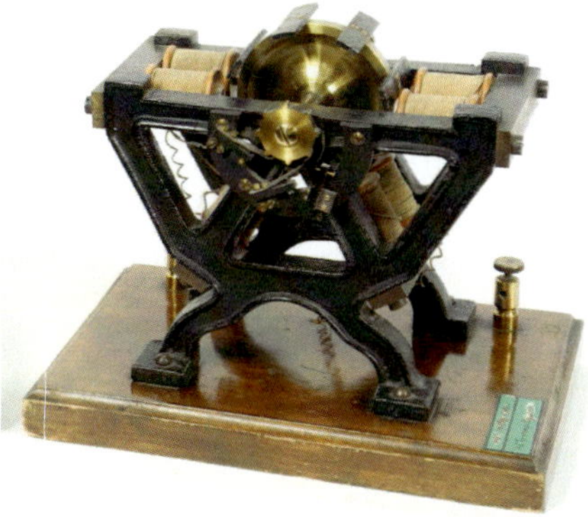

Bild 9: Froment Motor von Max Kohl, ca 1910 Bild 10: Motor nach Ritchie

8. Zusammenfassung

Der Aufsatz versucht die Konstruktion von elektrischen Motoren durch den amerikanischen Physiker und Arzt Charles Crafton Page und deren serienmäßige Erzeugung durch die Bostoner Mechaniker Werkstätte von Daniel Davis Jr darzustellen. Diese Motore wurden zusammen mit anderen von Davis erzeugten Instrumenten als Lehrmittel für den Physik Unterricht an amerikanische Colleges und Universitäten landesweit verkauft. Thomas B. Greenslade, Jr, Emeritus Professor für Physik am Kenyon College in Gambier,

Ohio, untersuchte im Jahre 1975 den Bestand an historisch wertvollen Geräten und Instrumenten der amerikanischen Colleges und Universitäten. Die von Prof. Greenslade erstellte Aufstellung enthält auch die von Daniel Davis, Jr gelieferten Geräte und Instrumente, im Besonderen davon auch die elektrischen Motore von Page. Es zeigte sich, dass diese bis heute an verschiedenen Stellen als historische Zeugen zur Entwicklung der Lehre von der Elektrizität erhalten sind, so auch an bedeutenden Universitäten wie Harvard und Yale. Wohl finden sich auch in den Gymnasien und Universitäten der europäischen Länder vergleichbare Gerätschaften jedoch sind diese in der Regel Einzelanfertigungen. Eine Serienfertigung erfolgte dort erst etwa dreißig Jahre später durch die inzwischen entstandenen Lehrmittelfirmen. Als Abnehmer traten dafür vor allem die Gymnasien auf. Wenn es daher um Lehrmittel für den Physikunterricht geht, deren Fertigung zeitlich nahe zu deren Erfindung liegt, so sind solche vor allem in den USA zu finden. Dies gilt auch für die in diesem Aufsatz behandelten elektrischen Motore von Page und deren Erzeugung in der Werkstätte von Daniel Davis Jr und seinen Nachfolgern Palmer & Hall in Boston, USA.

Schrifttum

American Artifacts: Early Electrical Apparatus of Charles Crafton Page.
www "American Artifacts" Articles Online, 10 Seiten

Daniel Davis Jr: Manual of Magnetism, Boston 1848

Daniel Davis Jr: Catalogue of Apparatus, Boston 1848

Thomas B. Greensdale: Instruments for Natural Philosophy
http://physics.kenyon.edu/EarlyApparatus/index.html

Georg Dettmar: Die Entwicklung der Starkstromtechnik in Deutschland.
ETZ-Verlag, Berlin-Charlottenburg 1940

L.Pfaundler: Über die Mantelringmaschine von Kravogl und deren Verhältnis zur Construction verbesserter dynamoelektrischer Maschinen.
Zeitschrift des Elektrotechnischen Vereins in Wien,
1. Jahrgang,Wien 1863, S. 113-115, 141-145

Prof. Rud. Handmann,S.J.: Bericht über den Egger´schen elektromagnetischen Motor. Zeitschrift für Angewandte Elektrizitätslehre,
1. Jahrgang, Band 1, München 1879, S. 52-60, 77-107

Gerard L´E. Turner: Nineteenth-Century Scientific Instruments.
Sotheby Publications, London 1983

P.R. de Clercq (ed.): Nineteenth-Century Scientific Instruments and their Makers.
Museum Boerhaave Leiden, 1985.

Zusätzliche Anmerkung

Am Deutschen Museum in München wurde im Rahmen des Projektes „Technikgeschichte-Modelle und Rekonstruktionen“ die „Reciprocating Armature Engine“ von Charles Crafton Page als Thema genommen und eine genaue Bauanleitung zum Nachbau dieses Motors von Page gegeben. Die dazu erschienene Schrift von Winfried Wardermann: Der Page Motor. Deutsches Museum, München 1995 enthält darüber hinaus auch genaue Lebensdaten von Page und die Beschreibung weitere Konstruktionen von Motoren von Page. Da kein Original des Motors als Muster für den Nachbau zur Verfügung stand konnte dafür nur die Publikation in Silliman´s „American Journal of Science and Arts“ und in Dinglers „Polytechnischen Journal“ verwendet werden. Mit dem Projekt wurde nicht zuletzt auch die Wertschätzung, die in Deutschland für die Erfindungen von Charles Crafton Page besteht, gezeigt.

Bildnachweis: alle Bilder von Vavra, Wien.

erschienen in „Trödler“ 12/2020

3.4 Die elektrische Zündmaschine von Gerzabeck

1. Einführende Bemerkungen

Mit der Entdeckung der Reibungselektrizität und deren Erzeugung durch Elektrisiermaschinen stieg auch das Interesse um mit der als eine Art Fluidium auftretenden Elektrizität Experimente durchzuführen. Besonders bot sich dafür der damit erzeugbare Funken an. Bereits Franklin konnte zeigen, dass man mit einem elektrischen Funken Spiritus anzünden kann. Wandernde Schausteller, wie der aus Wien stammende Martin Berschitz ergötzten am Ende des 18. Jahrhunderts gegen Bezahlung das Publikum indem sie verschiedene elektrische Experimente, so etwa auch das Entzünden von Schwarzpulver unter Wasser, vorführten. Hundert Jahre später, genauer im Jahre 1886 zeigte Heinrich Hertz in seinen Experimenten, wie man mittels eines elektrischen Funkens elektromagnetische Wellen erzeugen kann, womit das Zeitalter der Drahtlosen Telegraphie und des Funks seinen Anfang nahm. Obwohl diese Anwendung der Elektrizität bekanntlich eine große Bedeutung erhielt bleiben wir hier bei der Erzeugung eines Feuers mittels eines elektrischen Funkens. Verschiedene Erfinder bemühten sich in der Vergangenheit eine elektrische Zündmaschine, heute würde man von einem elektrischen Feuerzeug sprechen, zu entwerfen. In einem um 1830 angefertigten Notizheft wird eine elektrische Zündmaschine beschrieben, die bereits im Jahre 1800 in Prag in einer Schrift vorgestellt wurde. Bild 1 zeigt diese in einer Handzeichnung.

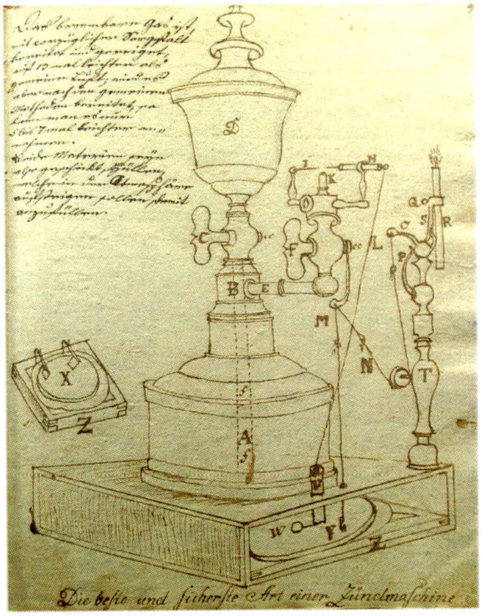

Bild 1: Elektrische Zündmaschine mit Elektrophor, Prag 1800

Der elektrische Funke wird bei dieser durch einen Elektrophor erzeugt. Über Ventile wird „brennbare Luft“ zugeführt, die durch den Funken entzündet wird und das Feuer an eine Kerze weitergibt. Exemplare von Zündmaschinen dieser Art mögen wohl als Einzelstücke angefertigt worden sein. Vielleicht haben sich solche in Museen bis heute erhalten. Dem Verfasser dieses Aufsatzes sind sie derzeit jedoch nicht bekannt. Im Jahre 1816 wurde jedoch in München eine elektrische Zündmaschine erfunden, die in größerer Stückzahl serienmäßig gebaut wurde und heute im Besitz des Deutschen Museums in München ist. Über diese soll im Folgenden berichtet werden.

2. Die elektrische Zündmaschine von Gerzabeck

Der Münchner Mechanikus Johann Gerzabeck, Hausmeister der Königlichen Akademie der Wissenschaften in München, erfand im Jahre 1816 eine elektrische Zündmaschine, die im „Anzeiger für Kunst und Gewerbefleiß, im Königreich Baiern vom Jahre 1817“ beschrieben und beurteilt wurde. Gerzabeck hat diese Maschine vom Jahre 1816 an gebaut und in den Handel gebracht. Die von Gerzabeck dazu in mehreren Auflagen erschienene Schrift „Anleitung zum Gebrauche der elektrischen Zündmaschine des Mechanikus Joh. Gerzabeck“, München, Lindbauer´sche Buchhandlung, beschreibt die Bedienung und Instandhaltung. Es sind jedoch darin keine physikalischen-chemischen Details enthalten, auch wird die technische Funktion der Maschine darin nicht erklärt. Dieser Aufsatz setzt sich das Ziel, dazu eine Ergänzung zu geben. Diese Kenntnisse waren auch für die Restaurierung einer solchen Maschine, über die im Anschluss daran berichtet werden soll, notwendig.

3. Aufbau und Funktion der Zündmaschine von Gerzabeck

Die elektrische Zündmaschine von Gerzabeck, besteht aus folgenden vier Teilen:

(1) elektrische Glasscheiben- Reibungsmaschine
(2) Apparat zur Gasentwicklung
(3) Gasventil mit Funkenstrecke
(4) Hebelsystem zur Drehung der Glasscheibe und zur Öffnung des Gasventils

In Bild 2 ist ein Exemplar der elektrischen Zündmaschine von Gerzabeck im Zustand nach erfolgter Restaurierung gezeigt.

Bild 2: elektrische Zündmaschine von Gerzabeck

Zu (1) Elektrisiermaschine

Die Glasscheiben Reibungsmaschine ist wie üblich gebaut und im Sockel, in der Art und Weise eines Geheimfaches, eingebaut. Neben der Glasscheibe besteht sie aus dem Reibzeug mit den beiden amalgamierten Lederkissen, die mit Federdruck an die Scheibe gepresst werden. Als Abgreifer dienen zwei Drahtbügel zwischen denen die Scheibe läuft. Als eine Art Konduktor wirkt ein an der Kastenwand befestigtes Messingblech. Die Drehung der Scheibe geschieht durch Zug an einer Schnur, die um eine mit der Scheibe verbundene Spindel läuft und eine an der Wand des Kastens befestigte Stahlfeder spannt.
Die Spindel funktioniert als Ratsche mit Stern-Rad und Sperr-Rad. Wird der Hebel nach unten gedrückt, so wird mittels der um die Spindel gelegten Schnur die Glasscheibe bei eingerastetem Sperr-Rad ein Stück gedreht und die Stahlfeder gespannt. Bei Loslassen des Hebels wird durch die Federkraft die Schnur an der Spindel rückgespult. Das Sperr-Rad gibt aber dabei das mit der Glasscheibe fest verbundene Stern-Rad frei, wodurch eine Drehung der Glasscheibe verhindert wird.

Zu (2) Apparat zur Gasentwicklung

Dieser besteht, wie aus Bild 3 zu sehen ist, aus drei Glaskörpern bestehend aus einem einfachen zylindrischen Behälter, ein darin aufgestelltes Glasgefäß in der Form eines Weinglases und einem mit dem Hals nach oben angebrachten Glastrichter, der dieses umgibt. Die Gasentwicklung geschieht durch das Einwirken von verdünnter Schwefelsäure H_2SO_4 auf ein im Glasgefäß befindliches Stück Zink Zn wodurch neben Zinksulfat $ZnSO_4$ Wasserstoff H_2 entsteht, das mit Luft vermischt durch den Trichter nach oben zum Ventil strebt und das notwendige entzündbare Gas darstellt.

Bild 3: Gasentwicklungs-Apparat

Zu (3) Gasventil und Funkenstrecke

Das in Bild 4 zu sehende Gasventil besteht aus einem in einer Hülse drehbaren Zylinder, der auf einer Seite eine Bohrung zum Ausströmen des Gases besitzt. Am Ende dieser Bohrung ist ein Bohrloch zum Mantel des Zylinders über das bei einem bestimmten Drehwinkels des Zylinders ein Zuströmen des Gases aus dem Gasentwicklungs-Apparat ermöglicht wird. An einem Ende des Zylinders ist eine Spitze angeschraubt über die das Gas ausströmen kann und gleichzeitig aber auch als eine Elektrode der Funkenstrecke wirkt. Die zweite Elektrode besteht aus der Drahtspitze des Endes der mittels eines Glasrohres isolierten Zuleitung der Hochspannung von der Elektrisiermaschine.

Bild 4: Gasventil und Funkenstrecke

Zu (4) Hebelsystem

Das Hebelsystem erfüllt zwei Funktionen. Einmal wird durch die Betätigung des Hebels mit einer Schnur die Drehung der Glasscheibe der Elektrisiermaschine durchgeführt. Zum anderen wird damit auch der Gaszylinder gedreht wodurch das Ventil geöffnet wird und das Gas aus dem Gasentwicklungs-Apparat an der Ventilspitze ausströmen kann. Die Elektrisiermaschine erzeugt dabei einen Funken der das ausströmende Gas entzündet. Das Feuer kann mittels einer Kerze abgenommen werden.

Bild 5: Hebelsystem

Wie aus Bild 2 zu sehen ist, hat die elektrische Zündmaschine von Gerzabeck die Form eines Tempels mit einem Kranz von sechs Säulen und einer Kuppel die das Firmament von Sternen darstellt. Damit bildet die Zündmaschine, wie Gerzabeck im Vorwort zur Gebrauchsanleitung schreibt „zugleich ein schönes und bey noch mehrerer Bronze-Verzierung prächtiges Meuble“.

4. Durchgeführte Restaurierung

Die diesem Aufsatz zugrundeliegende Zündmaschine wurde im Tausch von einem Sammlerkollege aus Wien, wir wollen diesen „Werner“ nennen, erworben. Es fehlte gänzlich die Elektrisiermaschine, der zugehörige Kasten, der den Sockel des Tempels bildet, war jedoch im Original vorhanden. Im Apparat zu Gasentwicklung war der Glastrichter zur Weiterleitung des erzeugten Gases zum Ventil gebrochen. Das Ventil zusammen mit der Funkenstrecke und das Hebelsystem fehlten gänzlich, die Hülse zur Aufnahme des Ventilzylinders und die Grundplatte waren aber vorhanden. Nachdem „Werner“, der das Gerät schon einige Jahre in seinem Besitz hatte, in der Lage war Zeichnungen zum Ventil und auch zur Ratsche der Elektrisiermaschine zu liefern und auch im Internet Abbildungen der Zündmaschine von Gerzabeck gefunden wurden (besonders ist hier die Eintragung als „Depotfund“ des Deutschen Museums in München anzuführen), und auch von „Andre“ aus Potsdam Bilder seiner Zündmaschine zur Verfügung standen, konnte mit „Franz jun.“ aus Krems, ein kompetenter Fachmann zum Nachbau der Elektrisiermaschine und deren Antrieb als auch für die mechanische Fertigung des Ventils und des Hebelsystems gewonnen werden. Diese Arbeiten wurden, wie die folgenden Bilder zeigen, erfolgreich durchgeführt.

Bild 6 zeigt die Konstruktion der an der Glasscheibe befestigten Ratsche mit Sperr-Rad, Bild 7 die Reibkissen mit dem Messingblech als Konduktor. Bild 8 zeigt den Abgreifer bestehend aus zwei Drahtbügeln.

Bild 6: Ratsche mit Sperr-Rad

Bild 7: Reibkissen

Bild 8: Abgreifer

Das Hebelsystem musste zur Gänze neu gemacht werden. Am Haupthebel zum Betrieb der Elektrisiermaschine ist in dem im Deutschen Museum in München original erhaltenen Exemplar der Name „Gerzabeck“ eingraviert. Diese Signatur wurde in der restaurierten Zündmaschine weggelassen. Sie kann aber ohne Zweifel als original erhaltene Zündmaschine von Gerzabeck eingestuft werden, wobei jedoch zur Herstellung der Funktionsfähigkeit, wie angegeben, größere Restaurierungsarbeiten erforderlich waren. Die Funkenbildung funktioniert tadellos, von einer Gaserzeugung die jederzeit vorgenommen werden könnte, wurde bisher abgesehen da derzeit nicht die Absicht besteht das Gerät als Feuerzeug in Betrieb zu nehmen. Es wird berichtet, dass in der Vergangenheit solche Zündmaschinen, obwohl durchwegs „prächtige Meuble“, durch eine Knallgas-Explosion in die Luft geflogen sind. Unsere Maschine soll deshalb hauptsächlich nur als Zeuge der technischen Entwicklung und als ein interessanter Bestandteil einer Sammlung dienen.

5. Elektrische „Zündmaschinen“ heute

Die Bezeichnung „Zündmaschine“ hat seit den Jahren von Johann Gerzabeck eine andere Bedeutung erlangt. Es sind dies heute Maschinen, die zur elektrischen Zündung von Minen bei Sprengungen eingesetzt werden. In der ersten Zeit wurden dafür wohl auch Reibungs-Elektrisiermaschinen, wie eine solche auch in der Zündmaschine von Gerzabeck verwendet wird, eingesetzt. Diese wurden schon bald durch magnetelektrische Maschinen, die einen starken Stromstoß zu erzeugen vermochten, verdrängt. Eine moderne, der technischen Entwicklung folgende Form einer „Zündmaschine“ nach Art von Gerzabeck liegt jedoch mit einem elektrischen Gas-Feuerzeug, auch Piezofeuerzeug genannt, vor. Bei einem solchen wird der elektrische Funke durch einen mechanischen Stoß auf ein Piezo-Kristall erzeugt, der ein brennbares Gasgemisch, das aus einer Patrone kommt, entflammt. Solche Feuerzeuge sind heute zu Sammlerstücken geworden. Genau wie bei Gerzabeck ist man bei diesen Feuerzeugen dann auch auf ein „prächtiges Meuble“ bedacht, zur Freude als Sammler oder auch als Requisit um etwas Schönes für den Gebrauch zu besitzen.

erschienen in „Trödler“ 09/2021

3.5 Verbessern der Magnetsysteme bei elektrischen Geräten

1. Einleitung

Werner von Siemens gehört sicher zu den wichtigsten Persönlichkeiten des 19. Jahrhunderts, wenn es um die Entwicklung der Elektrotechnik und Informationstechnik geht. Er vereinigte in sich die Fähigkeit als Erfinder und Wissenschaftler zu wirken zusammen mit der Begabung und dem Talent um eine Firma zu gründen und diese zu Weltgeltung zu führen. Über Werner von Siemens und der Firma Siemens & Halske wurde in der Vergangenheit von namhaften Fachleuten ausführlich berichtet. Er selbst hat dies mit seinem Buch „Lebenserinnerungen“, das in vielen Auflagen erschienen ist, getan. In diesem Aufsatz wollen wir versuchen seine Beiträge zur Verbesserung der magnetischen Systeme zu beleuchten, wie er diese erfolgreich im Bereich der Stromerzeugung, der Morse-Telegraphie und der Bell-Telephonie durchführte. Im Einzelnen wurde dies natürlich in verschiedenen Publikationen bereits entsprechend gewürdigt. Es mag aber interessant sein zu zeigen, dass Werner von Siemens dafür nur seine Kenntnisse, wie man den magnetischen Fluss in solchen Systemen verbessern kann, einzusetzen hatte.

2. Stromerzeugende Maschinen

Mit der Entdeckung der Induktion durch Michael Faraday im Jahre 1831 wurde es möglich auf mechanischem Wege elektrischen Strom zu erzeugen. Den Anfang dazu setzte der französische Physiker Hyppolite Pixii, der einen Hufeisenmagneten über einem Spulenpaar kreisen ließ. Der dabei in den Spulen induzierte Wechselstrom wurde mit einer Wippe, später durch einen sich mitdrehenden Kommutator gleichgerichtet. Bei den Maschinen von Saxton, Clarke, Page, Petrina und von Ettingshausen, um die wichtigsten damals gebauten „magnetelektrischen Maschinen“ zu nennen, wurde das Spulenpaar gedreht und der Dauermagnet stand fest. Von Stöhrer wurde die Konstruktion in der Weise verbessert, dass drei Spulenpaare eingesetzt wurden. Eine weitere Verbesserung und praktische Anwendung zu Speisung einer Bogenlampe für einen Leuchtturm wurde mit der „Alliance Maschine“ in Frankreich durchgeführt. Bei dieser wurde eine große Anzahl von Hufeisenmagneten radial in einem Kreis als „Stator" angeordnet und der Strom durch Drehung des „Ankers" der aus einer Anzahl von Spulen bestand, im erzeugt.

Erfindung des Doppel-T-Ankers

Werner von Siemens, der magnetelektrische Maschinen praktisch einsetzen wollte, erkannte die Schwächen der bisherigen Konstruktionen. Es galt die Induktionswirkung durch eine engere induktive Kopplung der Spule mit dem Feld des Dauermagneten zu verbessern. Mit dem im Jahre 1856 von ihm erfundenen zylindrisch in das Feld eingebetteten „Doppel-T-Anker" nach Bild 1 hatte er dafür eine Lösung gefunden.

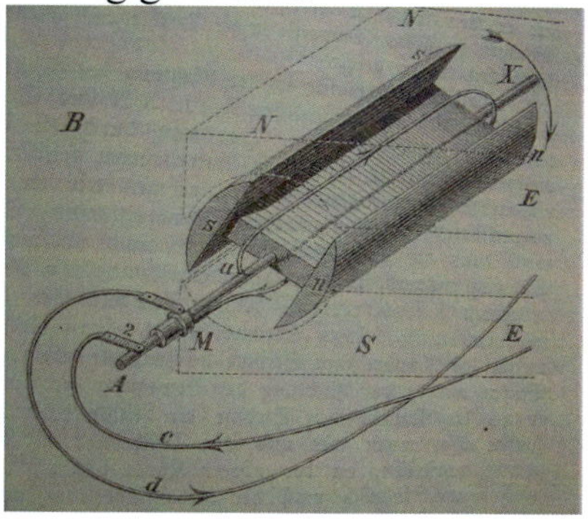

Bild 1: Doppel-T-Anker

Die damit von Siemens & Halske gebauten magnetelektrischen Maschinen wurden erfolgreich bei Eisenbahn-Läutwerken, zur elektrischen Zündung von Minen in Bergwerken und als Geber in der Magnetinduktions-Telegraphie eingesetzt.

Bild 2: Läutinduktor mit Doppel-T- Amker

Mit der Entdeckung des „dynamoelektrischen Prinzips“ im Jahre 1867, gleichzeitig durch Werner von Siemens und Charles Wheatstone, erlangte der im Jahre 1872 entwickelte Trommelanker von Hefner-Alteneck, der als ein Mehrfach-Doppel-T-Anker angesehen werden kann, zur Konstruktion von Dynamos eine große praktische Bedeutung.

3. Morse-Telegraphie

Der vom amerikanischen Mechaniker Alfred Vail für die erste von Morse im Jahre 1844 errichtete Telegraphenlinie von Washington nach Baltimore konstruierte Empfänger zur Registrierung der ankommenden Morse-Signale, hatte sich bewährt und wurde in der Folge von zahlreichen amerikanischen Werkstätten sowie in vielen europäischen Ländern, so auch in Deutschland, in ähnlicher Weise nachgebaut. Das Empfangssystem bestand im Wesentlichen aus zwei Magnetspulen die mittels eines Ankers über einen Hebel die ankommenden Morse-Signale auf einem Papierstreifen festhielten. Die Bewegung des Papierstreifens erfolgte durch ein mit Gewichten oder durch eine Feder angetriebenen Zahnradwerkes.

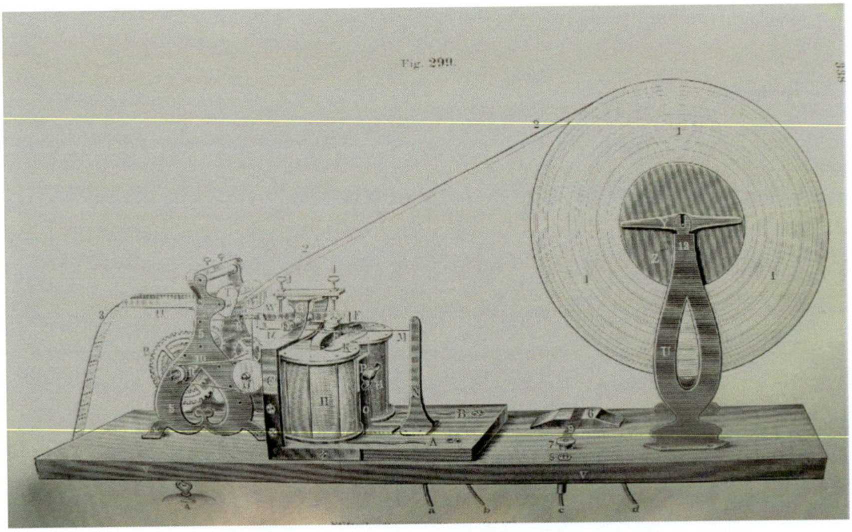

Bild 3: Morsetelegraph von 1844 in idealisierter Darstellung

Schnell-Telegraphie für das russische Zarenreich

Bereits im Jahre 1851 wurde in Deutschland von Siemens & Halske ein Morse-Telegraphenapparat von dieser Art gebaut und engesetzt. Im Jahre 1853 ergab sich für Siemens & Halske die Möglichkeit den weiteren Ausbau des russischen Telegraphennetzes durchzuführen.

Als erstes galt es die Strecke von Warschau nach Kronstadt und St. Petersburg einzurichten. Es folgte anschließend die Errichtung der Telegraphenlinie von St. Petersburg nach Moskau und weiter nach Odessa und Sewastopol auf der Halbinsel Krim.

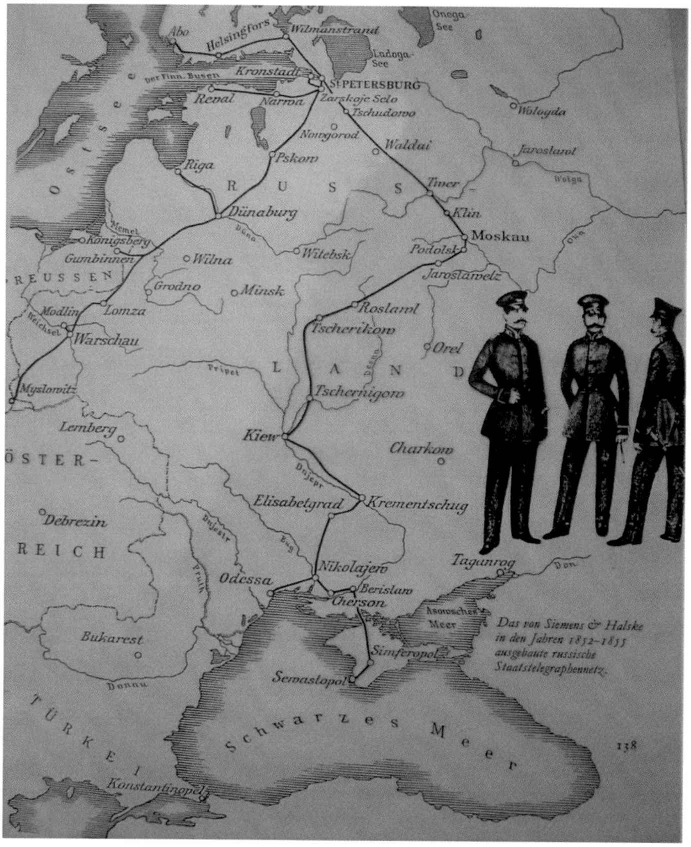

Bild 4: Russisches Telegraphennetz

Von Werner von Siemens wurde dafür eine neue Art der Schnelltelegraphie eingesetzt. Die Morsesignale wurden bei dieser nicht wie üblich mittels einer Morsetaste direkt als Stromimpulse gesendet sondern zuerst mit einer speziellen Taste, dem „Dreitastenlocher", in einen Papierstreifen gestanzt und erst dann mit dem „Morse-Schnellschriftgeber" gesendet. Als Empfänger wurde von Werner von Siemens der von ihm erfundene „Morse-Reliefschreiber mit schwingendem Anker" eingesetzt. Bei diesem wurde ein Spulenkern drehbar ausgeführt und so ein Anker mit Polschuhen realisiert, der eine größere Telegraphiegeschwindigkeit erlaubte. Statt üblicherweise 100 Buchstaben in der Minute konnten mit diesem System 300 Buchstaben pro Minute erreicht werden.

Bild 5: Siemens Telegraphen-Apparat für das russische Telegraphennetz

Seekabel-Telegraphie

Im Rahmen der Legung des Seekabels durch das Rote Meer von Suez nach Aden, ausgeführt von der englischen Kabelfirma Newell & Co im Jahre 1859 bekam Werner von Siemens den Auftrag ein dafür geeignetes Telegraphie-System zu entwickeln. In Anlehnung an die bereits bei Seekabeln erprobte Methode der Verwendung polarisierter Signale zur Darstellung der Morsezeichen entwickelte Werner von Siemens mit der „polarisierten Telegraphie“ eine eigene Methode für „lange Unterseelinien“. Mit einer speziellen Taste wurden die Morsezeichen beim Drücken als Stromimpulse mit negativer Polarität auf das Kabel gegeben. Bei Loslassen der Taste wurde ein Dauerstrom positiver Polarität angeschaltet. Für den Empfang dieser „Wechselstromzeichen“ sorgte ein polarisiertes Relais dessen Anker von den ankommenden Stromimpulsen bewegt wurde. Mit den negativen ankommenden Impulsen wurden mittels des zugehörigen Relaiskontaktes der speziell dafür von Werner von Siemens erfundene „polarisierte Farbschreiber“ in Betrieb gesetzt. Bei diesem war das Magnetsystem zur Realisierung des Schreibvorganges nach dem Muster eines polarisierten Relais ausgeführt. Damit wurde eine größere Empfindlichkeit erreicht sodass auch über lange Seekabel Morse-Telegraphie möglich wurde. Für kurze Seekabellinien, z.B. für den Verkehr mit Deutschland vorgelagerten Inseln, konnte der polarisierte Farbschreiber auch ohne polarisiertes Relais eingesetzt werden.

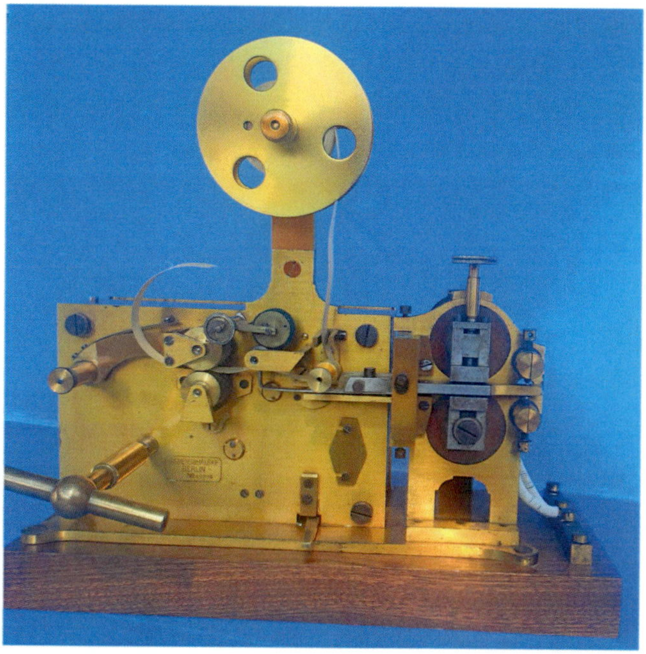

Bild 6: Polarisierter Farbschreiber des Jahres 1859

Bild 7: Magnetsystems des polarisierten Farbschreibers

Die Indo-Europäische Telegraphenlinie

Für England war die telegraphische Verbindung nach Indien von großer Wichtigkeit. Die Seekabel-Linie über das Rote Meer bis Aden und weiter nach Karachi die 1859 errichtet wurde, war störungsanfällig. 1862 war deshalb über die Türkei und Persien eine Landlinie nach Kalkutta in Betrieb genommen worden, die jedoch ebenfalls nicht betriebsicher war. Es entstand daher der Plan eine neue Landlinie über Deutschland und Russland nach Tiflis und weiter über Persien nach Indien zu errichten. Die Herstellung der notwendigen Seekabel und der Leitungen über Land stand in den Händen von Siemens Brothers, London, und von Siemens & Halske St. Petersburg.

Bild 8: Indo-Europäische Telegraphenlinie

Die Entwicklung des dafür einzusetzenden Telegraphie-System lag in den Händen von Siemens & Halske, Berlin, unter der Führung von Werner von Siemens. Es wurde dafür eine Methode ähnlich zum bereits in Russland errichteten System für Schnelltelegraphie gewählt. Die zu sendenden Telegramme wurden zuerst mit einem speziellen Locher auf einem Papierstreifen festgehalten und anschließend mittels des Siemens-Magnetinduktors in Form von Wechselstrom-Impulsen auf die Leitung gegeben. Der Empfangsapparat war ähnlich zum polarisierten Farbschreiber des Jahres 1859 ausgeführt. Die Linie von London bis Kalkutta wurde im Jahre 1870 eröffnet und blieb bis zum Jahre 1931 in Betrieb.

Bild 9: Locher

Bild 10: Siemens-Magnetinduktor

4. Telephonie nach Bell

Die Entwicklung des Telephons durch Graham Bell geschah bekanntlich in mehreren Anläufen. Erst mit dem „magneto- telephone" vom Jahre 1876 hatte Bell die entscheidende Erfindung gemacht. Das damit geschaffene „Bell Telephon" wurde in Europa von verschiedenen Firmen, so auch von der Firma Siemens & Halske in Berlin, nachgebaut. Es galt zuerst als eine Kuriosität und wurde als ein physikalisches Spielzeug eingestuft. Die Reichweite für eine Übertragung der Sprache war auf wenige Kilometer begrenzt.

Bild 11: Bell-Telephon

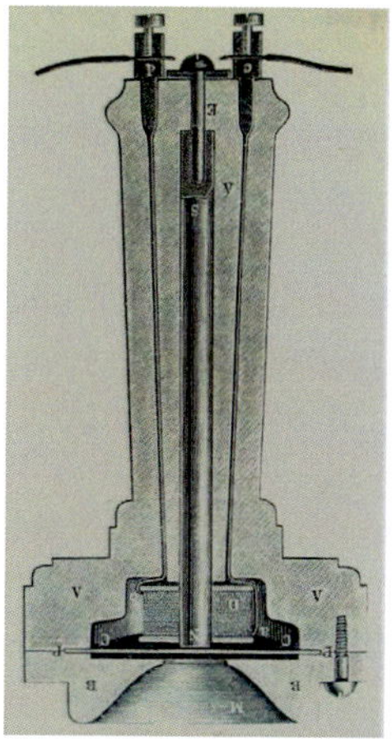

Bild 12: Bell Telephon Aufbau

Werner von Siemens erkannte, dass die Funktion des von Bell erfundenen Telephons, das ja sowohl als Geber („Mikrophon") als auch als Empfänger („Telephon-Hörer") eingesetzt wurde, möglich war. Er ersetzte den Stabmagneten des Bell Telephons durch einen Hufeisenmagneten und brachte zwei Spulen auf die Schenkel des Magneten an. Damit konnte die Induktionswirkung der Membranschwingungen auf die Spulen wesentlich verbessert werden. Es wurde jedoch auch dadurch die Lautstärke beim Empfang verbessert. Mit diesem damit entstandenen „Siemens Telephon" konnte eine Sprachverständigung von über 70 km erreicht werden.

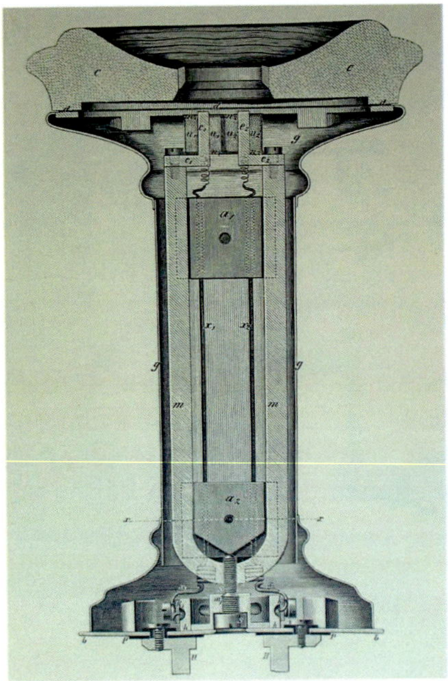

Bild 13: Siemens Telephon 1878 Bild 14: Siemens Telephon Aufbau

Das Siemens Telephon wurde in den ersten Telephonapparaten der Reichspost verwendet. Mit der Erfindung des Kohle-Mikrophons (Hughes 1876, Edison 1877, Berliner 1877) trat die Bedeutung des Bell Telephons als Geber zurück. Die von Werner von Siemens erfundene Konstruktion mit einem Hufeisenmagneten hat sich aber bis in die allerjüngste Zeit bei den elektrodynamischen Kopfhörern, wie diese in der ersten Zeit des Radios verwendet wurden, bis heute erhalten. Starke kleine Hufeisenmagnete mit Spulen und Polschuhen tragen bei diesen zu einer großen Empfindlichkeit bei.

Bild 15: Apparat der Reichspost 1881 Bild 16: Kopfhörer von Blaupunkt

Schlusswort

Werner von Siemens hat, obwohl ohne akademische Ausbildung als Physiker, mit seinen im Selbststudium erworbenen Kenntnissen wichtige technische Erfindungen im Gebiet der Elektrizität gemacht. Der Aufsatz behandelte dazu seine Erfindungen im Bereich der Stromerzeugung durch magnetelektrische Maschinen, bei der Errichtung spezieller Telegraphen-Linien und in der Telephonie. Bei all diesen konnte er auf magnetischem Wege, indem er in geeigneter Weise den magnetischen Fluss verstärkte, Verbesserungen erzielen.

Schrifttum

[1] Werner Siemens: Das automatische Telegraphensystem für die Russische Staatstelegraphen. In Werner Siemens: Wissenschaftliche und Technische Arbeiten. 2. Band, Berlin 1891, S.80-82.

[2] Werner Siemens und Halske: Apparate für den Betrieb langer Unterseelinien. Zeitschrift des deutsch-österreichischen Telegraphenvereins, VI (1859), S. 96-105, S. 160- 174.

[3] Siemens & Halske: Katalog der Erzeugnisse im deutschen Museum zu München, Nr. 3. Schreibapparat zum Roten Meer System 1859, Berlin 1906
[4] Werner von Siemens: Lebenserinnerungen. 17. veränderte Auflage, Prestel-Verlag München, 1969
[5] Th. Karrass: Geschichte der Telegraphie, Braunschweig 1909
[6] Vons Vanden Berghen: Werner Siemens und seine Aktivitäten auf dem Gebiet der Telegraphie. Funkgeschichte 154, Dez2020/Januar 2021. Seite 281- 287
[7] Franz Pichler: Zur Weiterentwicklung der Morse-Telegraphie durch Werner von Siemens. Induktionstelegraphie und verbesserte Magnetsysteme. e&i Elektrotechnik und Informationstechnik, Juli 2021

Bildnachweis:

Bild 2,5,6,7,11,13,16 Fotos des Verfassers, Bild 1,3,9,10,12,14 Bildarchiv des Verfassers, Bild 4,8: Werner von Siemens:Lebenserinnerungen, Bild 15: Archiv für deutsche Postgeschichte Heft 1/1977

erschienen in „Funkgeschichte“ Nr 258, August/September 2021

3.6 Ein Freund der Isolatoren

Zur Erinnerung an meinen Sammlerfreund Michael Kasparek

Warum beginnen Menschen zu Sammeln? Antworten gibt es dazu viele. Eine spezielle Antwort kann damit gegeben werden, dass man mit dem Sammeln Wünsche aus Kindertagen im reifen Alter erfüllen kann. Diese Erfahrung haben zusammen mit mir sicherlich viele Sammler, so glaube ich, gemacht. Die Erinnerung an Spielsachen, die befreundete Buben hatten, die jedoch für einen selbst unerreichbar waren, können ein Grund dafür sein, dass man im Alter vielleicht ein Sammler von Spielsachen wird. Der jugendliche Radiobastler, der sich von seinem kärglichen Taschengeld oder von seiner Lehrlingsentschädigung, so wie ich seinerzeit, Bestandteile zum Bau eines Radioapparates oder Kristall-Detektors kauft, sammelt schließlich Radio-Apparate. Welche jung gebliebene Frau hätte nicht gerne wieder eine Puppe oder einen Teddybären bei sich zuhause. Evelyn Künnecke, der Schlagerstar meiner Jugendzeit in den Fünfziger-Jahren, sang uns vor, dass ihr Teddybär „immer mit ins Bett“ musste. Vielleicht hatte sie eine Teddybärensammlung in ihrem Schlafzimmer.

In der Regel beginnt dann das Sammeln mit einem Einzelstück, das man aus der Kinderzeit kennt, oder mit einem speziellen Flohmarktfund oder auch einem Geschenk. Dazu gesellt sich in der Regel dann meistens ein zweites gleiches Stück, weil es besser erhalten ist oder weil der Preis sehr günstig ist, und gleich darauf ein drittes ähnliches Exemplar und so geht es weiter bis schließlich eine Sammlung von einer Größe erreicht ist, die an die Grenzen der Unterbringung stößt. Warum war es mit einem einzigen Stück, mit dem ein im Unterbewusstsein schlummernder Traum aus Kindertagen erfüllt wurde, nicht getan? Eine Antwort dazu ist nicht ganz leicht zu finden. Am ehesten kann man die Entwicklung einer Sammlung mit einer Kettenreaktion, die nach den Gesetzen der Atomphysik auch zu einer Explosion führen kann, vergleichen. Solange der Prozess des Sammelns noch kontrolliert werden kann, hat man jedoch meistens eine große Freude am Sammeln selbst und an der jeweils erreichten Sammlung.

Ich möchte den Leser jedoch nicht mit diesen allgemeinen Dingen zum Sammeln weiter aufhalten und zum Titel dieses Aufsatzes zurückkehren. Dazu lasse ich meinen Sammlerfreund Michael Kasparek, den ich in der 1990´er Jahren in Berlin kennenlernte, darüber berichten. Leider ist Michael, unglücklicherweise nicht mehr unter uns, jedoch hat er uns mit einem Aufsatz, den er im Jahre 1996 in einem Katalog des Museums Tiergarten in Berlin veröffentlichte, ein berührendes Dokument hinterlassen, von dem im Folgenden einige Passagen wiedergegeben werden. Es sei vorweg gesagt, dass Michael seine Wünsche aus Kindertagen erfüllt bekommen hat. In seinem Aufsatz mit dem Titel „ Ein Freund der Isolatoren“ schreibt er:

Irgendwann, nach meiner Geburt, ich konnte zwar schon sprechen, aber mit dem Schreiben war es noch nicht soweit her- ich ging ja noch nicht zur Schule- sah ich anlässlich eines Winterurlaubes in Engelberg/Schweiz, hoch oben an Holzmasten, und für mich als kleinen Buben unerreichbar, bunte „Porzellanpuppen“ als Träger elektrischer Leitungen: Es war Liebe auf den ersten Blick.... Hatte ich in Berlin durch Meister Hoffmann, der Betreuer des Maschinenhauses der Firma meiner Eltern, und von anderen wohlgesonnenen Menschen bisher nur weißglasierte Isolatoren kennen gelernt und teilweise auch geschenkt bekommen, so war das hier doch etwas völlig Neues: Bunte Isolatoren! Und zwar in allen Farben: gelb, grün, braun, rot und ...-blau! Bei jedem Strommast blieb ich andächtig stehen und schaute wie ein Hund nach der hingehaltenen Wurst nach oben, sehr zur Verzweiflung meiner Mutter. Während diese meinte, ich könnte doch nicht ernsthaft wollen, dass sie auf den Mast steigen solle, nur um für mich die Isolatoren zu „bergen“, was für sie vielleicht tödlich enden würde, beschritt mein Vater den pragmatischen Weg und besorgte vom zuständigen Elektrizitätswerk einige Exemplare meiner Träume. Überhaupt unterstützte mein leider viel zu früh verstorbener Vater mein technisches

Interesse, wo er nur konnte. Ich hielt nun mit so jungen Jahren bereits einige bunte Isolatoren in meinen Händen; die blaue Farbe war aber nicht darunter. Immer in der Weihnachtszeit wurde damals auf fast schon diplomatisch zu bezeichnender Art von einem gewissen Herrn Weihnachtsmann über meinen Vater die Frage an mich herangetragen, was ich mir denn zu dem bevorstehenden Fest am meisten wünschte...-meine Antwort kam spontan, sie tendierte jedes Jahr in die gleiche Richtung. Sehr alt musste es sein, heute würde ich sagen aus der „Kaiserzeit", und am liebsten aus Porzellan: Einen Isolator. ....

Seit jenen Tagen sind einige Jahrzehnte in das Land gegangen, und immer blieb meine Liebe für schöne alte Technik bestehen; meine Sammlung wuchs und gedieh. Neben alten Instrumenten, Installationsmaterial, Glüh-, Nernst- und Kohle Lichtbogenlampen sowie Blechspielzeug, meist aus der Zeit vor 1914, als technische Geräte noch mit Liebe zu Detail und Schönheit produziert wurden, blieb ganz besonders das Interesse an Isolatoren aus Porzellan und Glas immer bestehen. Was habe ich nicht alles unternommen, um an interessante alte Stücke zu gelangen: Brief an Telefonverwaltungen in der ganzen Welt habe ich abgesandt, immer mit der gleichen Bitte ....“haben Sie einen alten Isolator abzugeben?“ Meist trafen meine Briefe auf wohlwollende Menschen; ich denke noch heute mit Freude an ein Päckchen aus Norwegen zurück, welches eine originale norwegische Type, allerdings 1911 von Schomburg/Margarethenhütte in Deutschland als Exportartikel gefertigt, enthielt. Oder an die Auskunft australischer Telefonleute, man selbst habe zwar nichts, es gäbe da aber einen Sammler... Das Ende dieser Geschichte bestand darin, dass ich diesem australischen Sammlerfreund deutsche Kfz-Kennzeichen und Telefone um die halbe Welt zusandte, dieser im Gegenzug mir aber die heißbegehrten australischen Isolatoren schickte. Mehr noch: In diesem Paket, welches hier in Berlin von zwei Zollbeamten misstrauisch untersucht wurde (eine solche Sendung augenscheinlichen Schrotts um die halbe Welt hatten sie noch nicht erlebt) befanden sich auch für mich solche Herrlichkeiten, wie Isolatoren aus dem besetzten Japan nach 1945 (was auf ihnen auch geschrieben steht) und chinesische Isolatoren.

Michael Kasparek Die Isolatoren-Sammlung

Während all dieser Aktivitäten, welche sich wie ein roter Faden durch mein Leben ziehen, blieb ganz in meinem Hinterkopf immer die Erinnerung an die blauen Isolatoren meiner Kindheit bestehen. Es müsste doch möglich sein, ein solches Exemplar aufzutreiben... Kurz und gut, ich rief die Elektrizitätswerke in Nidwalden/Obwalden, der Schweizer „Urkantone" an, und erzählte dort die Geschichte meiner Kindheit. Anlässlich eines Praktikums während meines Studiums in den 80er Jahre schaute ich dort auch persönlich vorbei; immer mit der enttäuschenden Auskunft, dass den betreffenden Herren blaue Isolatoren gänzlich unbekannt seien und mit dem Hinweis versehen, ob mir nicht die Erinnerung als kleines Kind einen Streich gespielt haben könnte. Umso größer war die Freude, als ich drei Monate nach meiner Rückkehr nach Berlin, ein Päckchen erhielt mit eben einem solchen Isolator, wie ich ihn seit frühester Jugend in Erinnerung hatte: Die Engelberger Kraftwerker, welche mir dieses Kleinod zugesandt hatten, teilten mir mit, dass sie gerade erst ein kleines Elektrizitätswerk übernommen hätten, welches eben diese blauen Isolatoren zur Kennzeichnung seiner privaten Leitungen verwendet hatte,... Womit bewiesen war, dass ein kleiner Junge ein sehr präziser Beobachter sein kann. Neben den Isolatoren und anderen technischen „Altertümern", habe ich bis heute eine große Zahl an Büchern und anderen Veröffentlichungen aus der Anfangszeit der Elektrotechnik, meist im Original erwerben können. Inzwischen unterhalte ich zahlreiche Kontakte zu anderen Fachleuten der Elektrotechnikgeschichte und werde oft in speziellen Fragen um Antwort gebeten.

Am Schluss des Aufsatzes beklagt Michael Kasparek, dass heute im Zeitalter des Computers das Innenleben eines technischen Gerätes nicht mehr offengelegt wird, des Weiteren dass die Geschichte der Entwicklung der Computerprogramme nicht mehr dokumentiert wird, was einer effektiven Forschungsarbeit hinderlich ist. Er kommt damit zu dem Schluss:

... Dies ist einer der Gründe, warum ein „Freund der Isolatoren" (und der alten noch „menschlichen" Technik) gar kein Freund der modernen Elektronik und Computerei ist.

Der Leser dieser Zeilen hat vielleicht ähnliche Erinnerungen. In meinem Fall kommt noch die persönliche Begegnung dazu und ich will dazu noch einige Sätze anfügen. Michael Kasparek war studierter Diplomingenieur in Elektrotechnik übte aber seinen Beruf, als ich ihn in Berlin, wo sonst als in einem speziellen Trödlerladen für „Alte Technik", kennenlernte, nicht mehr aus. Er war Inhaber eines kleinen „Glaskastens" in einem Berliner Einkaufs-Zentrum, wo er den Ankauf/Verkauf von alten Dingen, hauptsächlich von Schmuck, durchführte. Seine Berliner Wohnung, in der ich ihn anschließend besuchte, war als eine Art Privatmuseum für historische elektrotechnische Gerätschaften und Spielzeug-Eisenbahnen gestaltet. Ein Blickfang war seine Sammlung von Isolatoren, die er in einem Wandregal aufgestellt hatte. Sicher war der lang ersehnte blaue Isolator seiner Kindheit aus der Schweiz darunter zu finden. Für Michael war dieser, wie wir aus seinem Aufsatz erfahren haben, vergleichbar mit der „blauen Blume" der deutschen Romantik. Natürlich hatte Michael auch etwas zum Ankauf für meine Sammlung bereit. Eine historische Elektronenröhre von Telefunken des Typs EVN 94 wechselte den Besitzer. Ich konnte mich in den nachfolgenden Jahren durch den Verkauf eines fahrbaren großen Funkeninduktors, wie diese in der Frühzeit bei medizinischen Röntgengeräten eingesetzt wurden, revanchieren. Es war sehr traurig für mich als ich Jahre später von seinem freiwilligen Tod hörte. Der Funkeninduktor, den Michael sorgfältig restauriert hatte, tauchte bei einem Wiener Sammlerkollegen später wieder auf, für mich gewissermaßen zur Erinnerung an seinen vormaligen Besitzer Michael Kasparek. Sammler leben durch ihre Sammlung weiter, so sagt man manchmal.

Der Aufsatz von Michael Kasparek ist seinerzeit im Katalog der Ausstellung „Kennen Sie Schomburg? Elektrokeramiker aus Moabit", Heimatmuseum Tiergarten, 1996, erschienen.

erschienen in „Trödler" 04/2022

3.7 Glaskunst für die Elektronik

Geißler-Röhren, Crookes´sche Röhren und „Poströhren"

Glas war stets ein wichtiger Werkstoff für die Elektrizität. Durch Reibung einer Glasplatte mit einem wollenen Tuch wird diese elektrisch geladen. Dieser physikalische Effekt war die Basis zur Konstruktion von Elektrisiermaschinen bei denen der wichtigste Bestandteil ein drehbarer Glaszylinder oder eine runde Glasscheibe waren. Die Elektrisiermaschinen des Londoner Instrumentenmachers Francis Hauksbee (1680- 1713) und des Leipziger Physikprofessors Johann Heinrich Winkler (1703-1770) stellen berühmte frühe Beispiele dafür dar. Besonders kann hier auch die vom englischen Instrumentenmacher John Cuthberson (1743-1821) für das Teyler Museum in Harlem angefertigte große Glasscheibenmaschine genannt werden, die auf Bestellung des holländischen Naturforschers Martinus van Marum (1750-1837) von ihm gebaut wurde. In diesem Aufsatz geht es aber nicht um solche mit Glas gefertigte Maschinen, sondern um Gerätschaften bei denen die isolierende Eigenschaft von Glas für die Elektrizität wichtig ist. Wir befassen uns aber auch nicht mit Glasisolatoren, die bis heute hier verwendet werden, sondern mit Geräten die für die Entwicklung der modernen Elektronik in der Vergangenheit eine große Bedeutung erlangt haben und daher als besondere Sammlungsstücke bis heute geschätzt werden. Es sind dies die Geisslerröhren, die Crookes´schen Röhren und im Besonderen auch die Elektronenröhren, wie diese für Radio und Fernsehen und auch für die weltweite Telefonie in der Vergangenheit eine große Bedeutung hatten.

1. Geißlerröhren

Der Name „Geißlerröhren" geht auf den aus Thüringen stammenden Glasbläser Heinrich Geißler (1815-1879) zurück, der in Bonn für die dortige Universität tätig war und für die physikalische Forschung Gasentladungsröhren anfertigte. Füllt man statt einem Gas eine floureszierende Flüssigkeit ein, so leuchtet diese nach Anlegung einer elektrischen Hochspannung. Indem verschieden färbige solche Flüssigkeiten in kunstvoll verschlungene Pfade eingefüllt werden, erhält man ein schönes stark leuchtendes Farbbild. Die Anfertigung solcher „Geißlerröhren" verlangte von den Glasbläsern eine hohe Kunstfertigkeit. Geißlerröhren gehörten in der Vergangenheit zum wichtigen Inventar jedes Physikkabinetts einer höheren Schule und wurden von den Lehrmittelerzeugern, z.B. von der Firma Max Kohl aus Chemnitz und der Fa Leybold aus Köln angeboten. Heute sind physikalische Experimente mit Geißlerröhren wegen der möglichen Gefahr einer Röntgenstrahlung aus dem Unterricht verschwunden. Für Sammler und Liebhaber elektrischer Besonderheiten, die sich in ihrer Sammelleidenschaft dieser Gefahr ohne Furcht aussetzen, werden aber Geißlerröhren noch erzeugt.

verschiedene Geißlerröhren

Elektromotor mit Geißlerröhre

Geißlerröhre

Geißlerröhre unter Hochspannung

2. Crookes´sche Röhren

Nach Entdeckung der Kathodenstrahlen durch den Bonner Physikprofessor Julius Plücker (1801-1868) und deren Erforschung durch Wilhelm Hittdorf und Eugen Goldstein führte der Engländer William Crookes (1832- 1919) mit diesen verschiedene Experimente durch. Er hielt Kathodenstrahlen für eine Art einer „strahlenden Materie" und für einen vierten Aggregatzustand, neben den bekannten „flüssig", „fest" und „gasförmig". Er hatte damit nicht ganz unrecht, da der englische Physiker J.J. Thomson (1856- 1940), Inhaber des Cavendish Lehrstuls in Cambridge, im Jahre 1897 schließlich die Kathodenstrahlen als eine Strahlung von atomaren Partikeln, den Elektronen, erkannte. Von Crookes haben sich bis heute die Crookes´schen Röhren erhalten. Es sind dies evakuierte Glasröhren mit „kalten" Elektroden zwischen denen bei Anliegen einer Hochspannung, etwa erzeugt mittels eines Funkeninduktors, Kathodenstrahlen entstehen. William Crookes untersuchte die verschiedenen Wirkungen die Kathodenstrahlen haben. Von Crookes stammt die Entdeckung dass bei Auftreffen von Kathodenstrahlen auf bestimmte Mineralien diese in kräftigen Farben leuchten. Indem man verschiedene solche Mineralien etwa in Form eines Schmetterlings, eines Käfers oder eines Hahns auf eine der beiden Elektroden als ein Mosaik anordnet, erhält man so sehr schöne färbige leuchtende Objekte. Eine weitere Crookes´sche Röhre ist die mit einem Flügelrad. Crookes glaubte, dass die Kathodenstrahlen eine mechanische Kraftwirkung auf die Flügel erzeugen und dieses damit zu laufen beginnt. Tatsächlich war die Ursache aber die Wärmewirkung auf die Flügel, wobei der damit entstehende Wind die Drehbewegung erzeugt. In der damaligen Zeit der schwach leuchtenden elektrischen Kohlefadenlampen von Edison begeisterten solche Crookes´sche Röhren die Betrachter. Für Sammler stellen diese Röhren neben den Geißlerröhren bis heute beliebte Objekte dar.

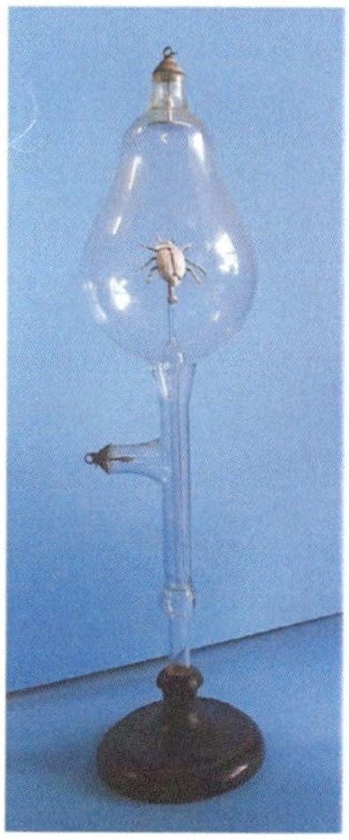

Crookes´sche Röhre mit Käfer

leuchtender Käfer

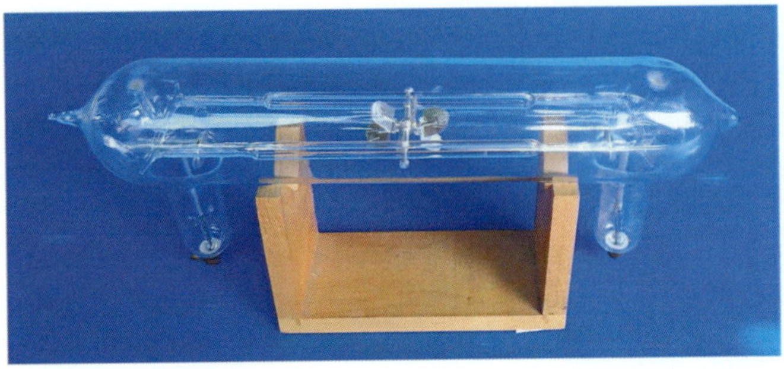

Crookes´sche Röhre mit Flügelrad

Flügelrad

3. Elektronenröhren und „Poströhren“

Elektronenröhren waren in der Vergangenheit ein wichtiger elektronischer Baustein zur Realisierung von Telefon-Weitverbindungen und für Radio und Fernsehen. Den Beginn setzte die Liebenröhre des Österreichers Robert von Lieben. Bereits im Jahre 1906 hatte von Lieben ein deutsches Patent für sein „Kathodenstrahlenrelais“ erhalten, jedoch erst im Jahre 1911 konnte damit die Verstärkerwirkung für Telefonströme erreicht werden. In dieser Zeit entstand auch in den USA die dringende Aufgabe zur Entwicklung von technischen Mitteln um über lange Strecken Telefongespräche führen zu können. Man konnte von New York bisher nur bis Chicago telefonieren. Der amerikanische Westen konnte wegen der großen Dämpfung der Telefonströme telefonisch nicht erreicht werden. Im Jahre 1914 gelang es jedoch schließlich von New York nach San Francisco eine Verbindung herzustellen. Dies ermöglichte die von der Firma Western Electric für die amerikanische Telefonfirma AT&T entwickelte Hochvakuum-Elektronenröhre des Typs 101-A mit der man die dafür notwendige Verstärkung erreichte. In Deutschland hatte die Firma Telefunken und Siemens & Halske, sowie auch AEG und TKD, während des Ersten Weltkrieges verschiedene Hochvakuumröhren zur Verwendung in Verstärkern für lange Telefonleitungen entwickelt. Bei Siemens & Halske waren dies die Typen A und Mc. Ihre Erzeugung erforderte eine sorgfältige Glasarbeit, mussten doch die notwendigen Elektroden wie der Heizfaden, das Steuergitter und die Anode, mit Glas befestigt werden und in einem evakuierten Glaskolben eingebaut werden.

Siemens & Halske A-Röhre

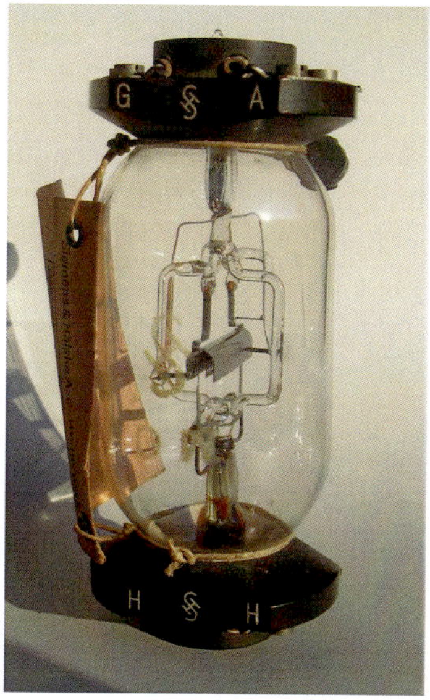

S&H Mc Röhre

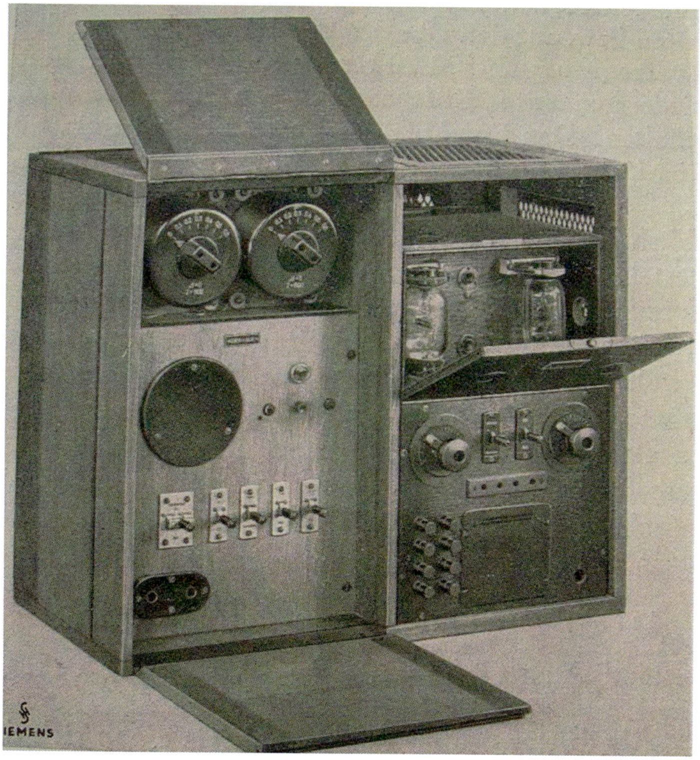

Zweidraht-Telefonverstärker mit Mc- Röhren

Nach Ende des Ersten Weltkrieges galt es die bestehenden Telefonnetze mit einer genügenden Anzahl von Fernleitungen auszustatten. Dazu waren die dafür erforderlichen Kabelleitungen mit Röhrenverstärker auszustatten. Im Abstand von etwa 70 Kilometer waren dafür Verstärkerämter zu errichten. Von den dafür notwendigen Elektronenröhren, die man gemeinhin als „Poströhren" bezeichnete, wurde eine lange Lebensdauer zusammen mit großer Zuverlässigkeit verlangt. Von der Firma Siemens & Halske wurden dafür die Röhren ab dem Jahre 1920 die Type BF und ab dem Jahre 1926 die Type BO erzeugt. Die BF- Röhre gilt als die erste spezifisch für Verstärkerämter entwickelte „Poströhre". Wie die Bilder zeigen, war für die Erzeugung der Röhren BF und BO eine anspruchsvolle Glasarbeit erforderlich.

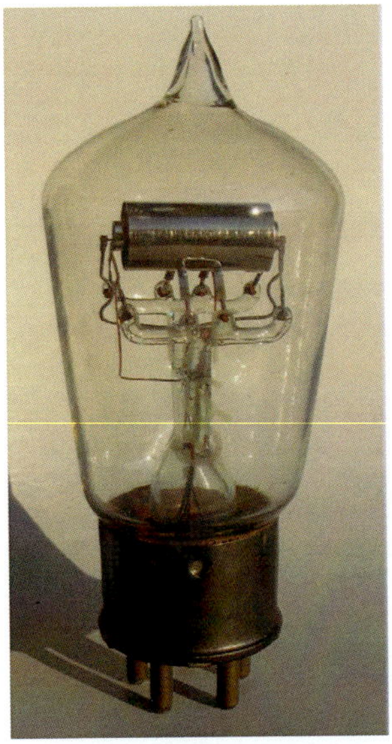

BF- Röhre

BO- Röhre

Zweidrahtverstärker mit BF Röhren

Die Firma Siemens & Halske erkannte schon bald, dass die serienmäßige Produktion von „Poströhren", die hochwertige Arbeit einer größeren Anzahl von professionellen Glasbläsern erforderte. Man beschloss deshalb dafür eine eigene Fabrik zu errichten. Im Jahre 1921 wurde dafür die Firma „Technische Glaswaren GmbH" kurz TEGLA genannt, in Berlin- Charlottenburg gegründet. TEGLA erzeugte ab 1921, weitgehend in Handarbeit, die Verstärkerröhren von Siemens. Wegen der hochwertigen handwerklichen Glasarbeit, die man dabei leistete- man kann durchaus von einer Glaskunst sprechen- werden die bei TEGLA erzeugten Röhren auch heute noch von Museen und Sammlern sehr geschätzt. Um eine Vorstellung von den Produktionszahlen zu bekommen, sei angeführt, dass im Abteilungsbericht von TEGLA für das Geschäftsjahr 1921/22 angeführt ist, dass man 17.094 Verstärkerröhren erzeugte. Die Zahl der Beschäftigten lag damals bei 300.

Fertigung von Röhren bei TEGLA

Es entstanden so bei TEGLA neben den Röhren BF und BO weitere „Poströhren“ für den Einsatz in den Systemen für Weitverkehrs- Telefonie und für die dazu erforderlichen Messgeräte. Als Beispiele dafür sind die Röhren der Type OBE, OR und BEb hier gezeigt.

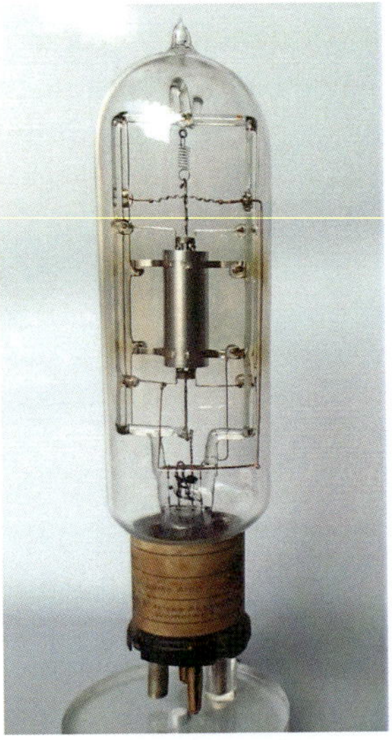

OBE

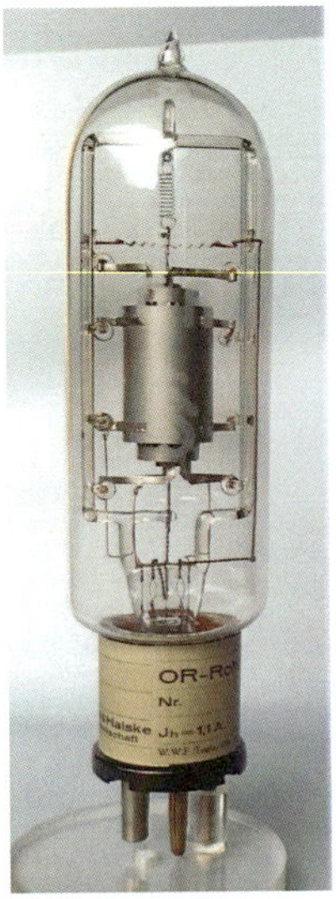

OR

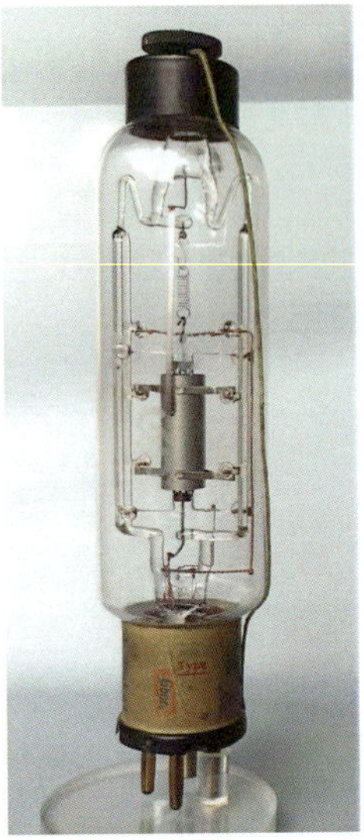

BEb

Am Bild der Röhren OBE,OR und Beb ist zu sehen, welche anspruchsvolle „Glaskunst" einzusetzen war, um die senkrecht im Inneren angeordnete „Triode", bestehend aus dem Heizfaden (Kathode), das Steuergitter und die diese umfassende zylindrische Anode mechanisch mittels Glasstäben isoliert zu befestigen und die Anschlussdrähte zum Röhrensockel zu führen. Die Firma TEGLA war durch die Lieferung von Verstärkerröhren für die Firma Siemens & Halske jedoch nicht voll ausgelastet. Aus diesem Grunde wurden bei TEGLA auch für andere Firmen Elektronenröhren produziert. Als ein Beispiel dafür kann die Röhre VE der Firma „Deutsche Telefonwerke und Kabelindustrie AG" (DeTeWe) gelten, die in ihrem Hochfrequenz-Telefoniesystem „System Habann" für Hochspannungsleitungen eingesetzt wurde. Die Abbildung zeigt die VE-Röhre von DeTeWe.

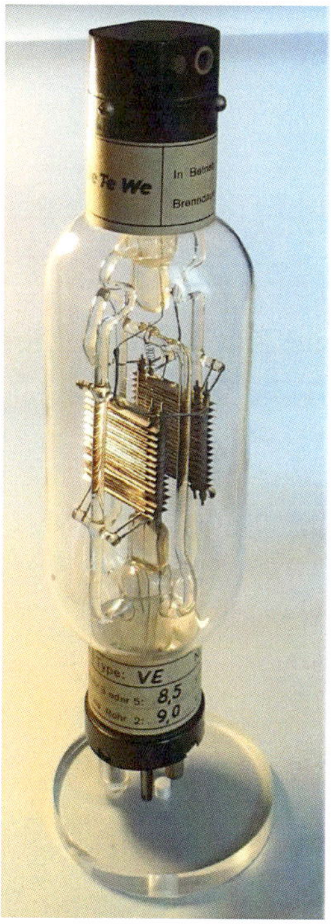

VE

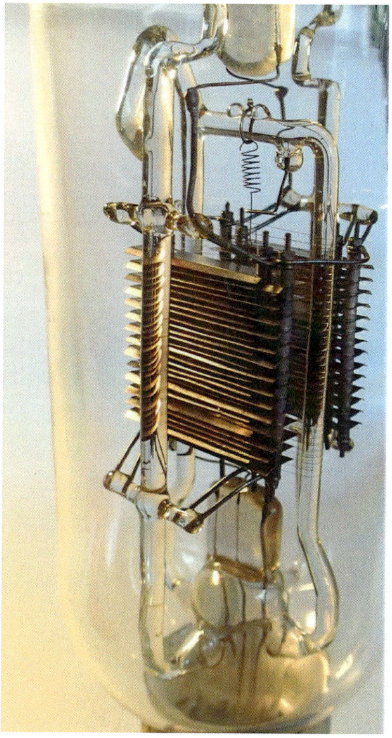

VE Detail

Schlussworte

Sowohl Fachleute an Universitäten, Schulen und Museen und im Besonderen Sammler schätzen allgemein die handwerklichen Fähigkeit und das Bestreben nach einer schönen Formgebung, die in der Vergangenheit oft bei der Erzeugung von technischen Geräten eingesetzt wurde. Ein technisches Gerät kann damit gewissermaßen zu einem Objekt werden bei dem sich ein Vergleich mit einem

Kunstwerk aufdrängt. Bei Sammlern besteht sogar die Gefahr, dass solche technischen Geräte in der Wohnung die Rolle von Kunstobjekten bekommen. Man möchte liebgewordene Sammlungsstücke einfach gerne um sich haben. Historische technische Objekte dieser Art sind heute jedoch oft zu einer Rarität geworden. Dies trifft zum Beispiel auch für die in diesem Aufsatz behandelten gläsernen Objekte weitgehend zu. Dennoch kommen sie etwa für einen Verkauf bei „Bares für Rares“ kaum in Frage. Ihre Bedeutung im Rahmen der Geschichte der Technik ist meistens zu wenig bekannt, der Materialwert ist vergleichsweise zu Edelsteinen oder Gold gering. Daran interessierte Käufer sind schwer zu finden. Sie stellen eben keine Antiquitäten im traditionellen Sinne dar. Besitzer von den in dem Aufsatz behandelten Objekten der technischen Glaskunst, die in der Entwicklung der Elektronik einen großen Anteil hatten, wird daher geraten sich an dem Besitz lebenslang zu erfreuen oder sonst diese an kundige Sammler oder an Museen weiter zu geben.

Literaturhinweise:

B. Pohlmann und Dr. A. Gehrts: Die Verstärkerrohre der Fernmeldetechnik. Siemens Zeitschrift 2.Jahrgang, 5./6. Heft , 1922, Seite 282- 291.

Franz Pichler: Robert von Lieben. 100 Jahre Patent Kathodenstrahlenrelais. Universitätsverlag Rudolf Trauner, Linz, 2006.

Franz Pichler: Glaskunst für den Telefon- Weitverkehr. zur Geschichte der Elektronenröhren von Siemens & Halske für Telefonverstärker 1920-1926. erschienen in e&i, 2008

erschienen in „Trödler“ 04/2022

3.8 Das Sammeln von Ballspenden

Zur Frage in welcher Weise die Frau eines Sammlers an der Sammelleidenschaft teilhaben kann gibt es verschiedene Antworten. Handelt es sich bei den Sammelobjekten um Schmuck oder Porzellan, so fällt die Antwort meistens leicht. Schwieriger ist es, wenn etwa alte Motorräder oder alte Automobile gesammelt werden. Das Mitfahren kann für den Partner durchaus etwas Spaß machen, kann aber auch bereits eine Belastung darstellen. Für Radiosammler und Sammler technischer Geräte stellt sich als große Schwierigkeit das Platzproblem dar. Die eigene Wohnung oder auch das eigene Haus eignet sich meistens nicht für die Aufstellung, so dass geeignete Räumlichkeiten angemietet werden müssen. Damit kann der Hausfrieden gesichert werden. Auch kann im Allgemeinen nicht erwartet werden, dass der Partner eine große Freude mit solchen Sammlungen hat. Es gibt jedoch Sammel-Leidenschaften, bei denen das Platzproblem nicht besteht. Ein Freund von mir sammelt Uniformknöpfe von Soldaten der napoleonischen Armee, die bis heute in den seinerzeitigen Schlachtfeldern mit Metalldetektoren aufgespürt werden können. Seine Sammlung hat in einer Schuhschachtel Platz und stört sicher nicht den Hausfrieden.

1. Wiener Ballspenden

Für Kunst- und Techniksammler bietet sich das Sammeln von Wiener Ballspenden als geeignetes zweites Standbein, um dem Partner auch etwas zu bieten und die Wahrung des Hausfriedens zu garantieren. Vorweg gesagt: Dieses Sammelgebiet ist heute schwierig zu „beackern“, vielleicht war es vor einigen Jahren, als solche Sammlungen noch Gegenstand von Buchpublikationen (Fritz Bernhard:Wiener Ballspenden 1979) und Auktionen (Katalog „Ballspenden“, Ketterer 1991) waren, leichter.

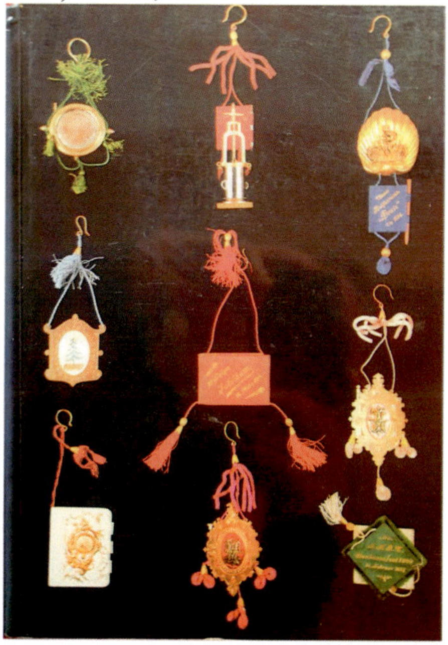

Fritz Bernhard 1979 Katalog „Ballspenden“ Ketterer 1991

Eine Reihe von Wiener Ballspenden, besonders solche zu den Bällen der Jahre um 1900 können sowohl die Liebhaber von Kunstwerken als auch die an historischen technischen Geräten interessierten Sammler erfreuen und werden meistens auch von den Partnern mit Wohlwollen betrachtet. Meine Leidenschaft als Sammler waren stets historisch wichtige elektrotechnische Geräte und Bücher dazu. Neben Dynamos zur Stromerzeugung und elektrische Motoren gehörten dazu auch Telegraphen-Apparate und Radios verschiedenster Art. Heute habe ich auf Grund meines fortgeschrittenen Alters und versehen mit der nötigen Altersweisheit das Sammeln solcher Objekte weitgehend aufgegeben, aber wie mit dem Corona-Virus so lässt sich der Sammler-Virus offenbar durch die getroffenen Maßnahmen nicht gänzlich entfernen, sondern bleibt mit einem gewissen Fließgleichgewicht in seiner Stärke bestehen. Dieser Zustand wurde bei mir kürzlich durch ein Angebot, man kann es erraten, von fünf Wiener Ballspenden elektrotechnischer Art gestört und exponentiell gehoben. Es handelte sich um die folgenden mit einem Bild gezeigten Ballspenden der Industriellen- und Technikerbälle:

(1) „Elektromagnet-Motor“ 1892
(2) „ Froment Motor“ 1898
(3) “ Siemens Dynamo”1892
(4) “ Gramme Maschine” 1885
(5) “ Morse Telegraph”

(1)

(2)

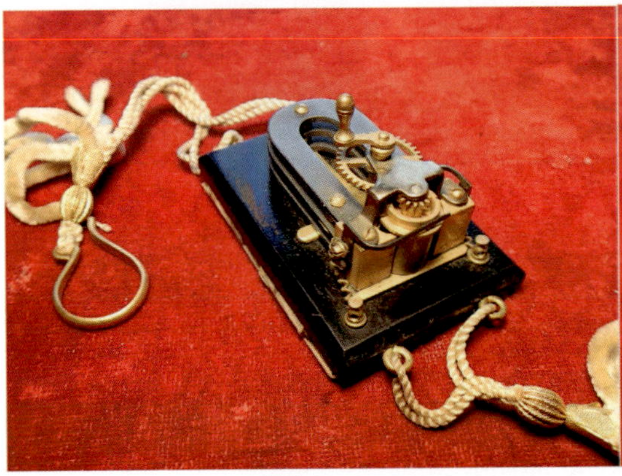
(3)

(4)

(5)

2. Industriellen-Ball Wien 1892

Um einen Eindruck zum Programm eines Balles zu geben, sei
der Inhalt des Tanzbüchleins für die Ballspende des Industriellen-Balls 1892
„Elektromagnet-Motor“ angegeben.

Tanzordnung
Industriellen-Ball 14. Februar 1892, Redoutensäle

Vor der Ruhe

Polonaise
Walzer „Mein Lebenslauf ist Lieb und Lust“, Josef Strauss
Polka francaise „Nachtschwalbe“ von C.M. Zierer
Quadrille „Opern Maskenball“ von Strauss
Walzer „Wiener Bürger“ von C.M. Zierer
Polka mazur „Lachen,Kosen,Tanzen“ von C.M. Zierer
Quadrille „Schlaraffen“ von Rosenkranz
Walzer „Patronessenwalzer“ den Damen Patronessen des
Industriellen Balles gewidmet von Karl Schaumann
Polka mazur „Herzenstelegraf“ von Ed. Strauss
Polka francaise „Nervös“ dem Industriellen-Ball gewidmet
von C.M. Zierer
Patronessen-Quadrille „Fledermaus“ von Joh. Strauss

Nach der Ruhe

Walzer „Die Industriellen“ von J. Strauss
Polka francaise „Botschaft“ von C.M. Zierer

Quadrille „Eine Nacht in Venedig“ von Joh. Strauss
Walzer „Backfischerln“ von C.M. Zierer
Polka mazur „Die Libelle“ von Strauss
Polka schnell „Großstädtisch“ von C.M. Ziehrer
Quadrille „Mikado“ von Sullivan Rab
Polka francaise “Pásmán von Joh. Strauss
Walzer „Puppenfee“ von Jos. Bayer
Quadrille „Deutschmeister“ von C.M. Ziehrer
Polka mazur „Blondinchen“ von Strauss
Polka schnell „Auf Ferienreisen“ von Strauss

Wer heute noch neben Rock´n Roll und Foxtrott und anderen heute modernen Tänzen auch noch Walzer - und Polkatanzen kann wird beim Lesen dieses Programms bedauern, dass er damals nicht dabei sein konnte.

Tanzbüchlein Industriellen-Ball 1892

3. Korrespondierende elektrotechnische Geräte

Zum Abschluss fehlt uns noch, dass wir zu den einzelnen hier gezeigten Ballspenden die damit korrespondierenden „echten“ Gerätschaften besprechen. Die Ballspende „Elektromagnet-Motor“ steht stellvertretend für die nach der Entdeckung des Elektromagnetismus gebauten Motore. Beispiele sind dafür durch den von Charles Crafton Page bereits 1839 entworfenen Motor, der „selfreprocating armature engine“, dem Motor von Grüel vom Jahre 1853 aber auch mit dem weitgehend erfolglosen Motor des Jesuitenpaters Egger (1875) gegeben. Der mit der Ballspende „Froment Motor“ dargestellte elektrische Motor weist auf den vom französischen Physiker Paul Gustave Froment um 1840 vorgestellten Motor hin, jedoch Page zeigt diesen auch bereits mit der „revolving armature engine“ in seiner Publikation vom Jahre 1839. Die Ballspende „Siemens

Dynamo" hat einen besonders wichtigen damit korrespondierenden „echten" Repräsentanten. Es ist die von Werner von Siemens im Jahre 1846 erfundene magnetelektrische Maschine, die als Läutewerk bei den Eisenbahnen und in der Zeigertelegraphie aber auch zur elektrischen Zündung von Minen eingesetzt wurde. Der wesentliche Teil dieser Erfindung war der „Doppel-T-Anker" der auch in der Ballspende sehr gut zu sehen ist. Bis vor nicht zu langer Zeit waren auch die bekannten Fahrrad-Dynamos von dieser Art. Die weitere Entwicklung der elektrischen Motore und der magnetelektrischen Maschinen führte zu den heutigen Motoren und Dynamos. Eine wesentliche Erfindung war der Dynamo des belgischen Physikers Theophil Gramme im Jahre 1871 ausgestattet mit einem Ringanker. Diese Maschine wird in der Ballspende „Gramme Maschine" in mustergültiger Weise gezeigt. Schließlich haben wir noch die Ballspende „Morse Telegraph" die den in Österreich ab dem Jahre 1851 eingesetzten Telegraphen, wie dieser von der bekannten Wiener Werkstätte des Johann Ekling gebaut wurde, zeigt. Die folgenden Bilder zeigen „echte" Exemplare der Geräte, die in bestehenden Sammlungen vorhanden sind.

Elektromagnet-Motor von Pike, England

Froment- Motor von Page, USA

Läuteinduktor von Czeija & Nissl

Gramme Maschine

Morse-Telegraph von Ekling, Wien

Die kunstvoll angefertigten Ballspenden hatten um die Jahrhundertwende die Aufgabe die Damenwelt bei den Wiener Industrie- und Technikerbällen zu erfreuen und mittels des beigelegten kleinen Büchleins die Reservierung der einzelnen Tänze für die Tanzpartner zu ermöglichen. Heute sind sie zusammen mit den korrespondierenden „echten“ historischen Geräten Zeugen für die Bewunderung und Wertschätzung, die damals der technische Fortschritt in der Anwendung der Elektrizität erfahren hat.

Bildnachweis:
Elektromagnet-Motor von Pike, Froment- Motor von Page und Gramme Maschine, Vavra Wien, alle weiteren Bilder sind vom Autor.

erschienen in „Trödler“ 08/2021

4. Elektrotechnik

4.1 Elektrische Motore

Kraftmaschinen und Spielzeuge der ersten Stunde

Elektrische Motore gehören heute zu unserem Alltag. Im Haushalt liefern sie die nötige mechanische Kraft für Staubsauger, Ventilatoren, Rasierapparate und andere „elektrisch motorisierte“ Geräte. Drehbänke, Fräsmaschinen und Bohrmaschinen werden in Werkstätten von elektrischen Motoren angetrieben. Aufzüge, Kräne und Roboter werden von ihnen bewegt. In Zukunft soll, wie wir wissen, auch in den Automobilen der bisher eingesetzte Explosionsmotor- heute vielfach weniger gefährlich „Verbrenner“ genannt- durch einen Elektromotor ersetzt werden. Der elektrische Motor ist allzu gegenwärtig. Für Sammler von

„Alte Technik“, die einen Schwerpunkt auf Elektrizität legen, stellt sich damit die Frage, welche Objekte man zum Thema „Elektromotor“ in seine Sammlung aufnehmen könnte. Wir wollen in diesem Aufsatz dieser Frage nachgehen.

Der Verfasser war bereits in seiner Kindheit, wie viele Buben seines Alters, auch an elektrischen Motoren als Spielzeug interessiert. Solche waren in den Nachkriegsjahren 1946- 1950 kaum zu bekommen. Der im Fach „Naturlehre“ im Hauptschulunterricht vorgeführte kleine Elektromotor wurde bewundert, war aber unerreichbar. Am ehesten konnte man einen alten Scheibenwischer-Motor aus einem nach dem Krieg stehengebliebenen Auto „organisieren“. Als Spielzeug eignete sich aber ein solcher nicht so recht. Leider funktionierten die Fahrraddynamos, die man leicht bekommen konnte, nicht als Motore. Die Begeisterung für elektrische Motore wurde in der Lehrzeit durch die neu entstandene Begeisterung im Basteln von Radioapparaten verdrängt. In späteren Jahren hat der Verfasser jedoch für sich sein Interesse für die Geschichte der Elektrizität und der Elektrotechnik entdeckt, wodurch elektrische Motore wieder zu einem Thema wurden. Dies jedoch nicht als Sammler von solchen, sondern hauptsächlich aus Interesse an deren Geschichte.

Es gibt jedoch tatsächlich eine Reihe von „Alte Technik“ Sammler, die einen Schwerpunkt auf Elektromotore gelegt haben. Sei es, dass dabei Spielzeugmotore oder Kleinmotore das Hauptinteresse haben oder dass auch schwere Motore mit Tonnengewicht in der Sammlung einen Platz bekommen können. Der Verfasser hat das Glück eine Sammlung zu kennen, in der alle Gattungen von elektrischen Motoren, von Spielzeugmotoren bis zu Motoren zu deren Transport man einen Kran braucht, vertreten sind. Um den Umfang der Sammlung einigermaßen zu begrenzen, sind in dieser Sammlung nur sehr rare und sehr alte Elektromotore darin aufgenommen worden. Es wäre interessant diese Sammlung dem Leser vorstellen zu können. Der Aufsatz muss sich notwendigerweise darauf beschränken, einige wenige der ersten leistungsfähigen Motore, wie diese in der Zeit von 1875 bis 1900 entstanden sind, vorzustellen. Zusätzlich sollen einige wenige Beispiele von Spielzeugmotoren aus diesen frühen Tagen der Elektrotechnik gezeigt werden. Bevor wir zu diesem Thema kommen, muss noch kurz die Geschichte der elektrischen Motore beleuchtet werden.

1. Erste elektrische Maschinen

Schon bald nach der Entdeckung des Elektromagnetismus (Örsted 1820) und dessen mechanische Kraftwirkung (Ampere 1823, Sturgeon 1825) wurde versucht, damit eine drehende Kraftwirkung zu erzeugen. Als Resultat entstanden die ersten elektrischen Motore durch Ritchie (1833), Jacobi (1834), Stöhrer (1841), Page (1843) und Froment (1843). Alle diese Motore erbrachten jedoch nur eine geringe Leistung und konnten kaum eine praktische

Verwendung finden. Die Erzielung einer kräftig drehenden Bewegung mittels des Elektromagnetismus gelang damit nicht. Dagegen war man beim umgekehrten Vorgang, der Gewinnung elektrischer Energie mittels einer mechanischen Kraftwirkung durch die Konstruktion der magnetelektrischen Maschinen sehr erfolgreich. Nach den Anfängen von Saxton (1834) und Clarke (1837) brachte hier vor allem die Erfindung des Doppel-T-Ankers von Werner von Siemens (1856) einen technischen Fortschritt.

Bild 1: Page Motor von Daniel Davis, Boston

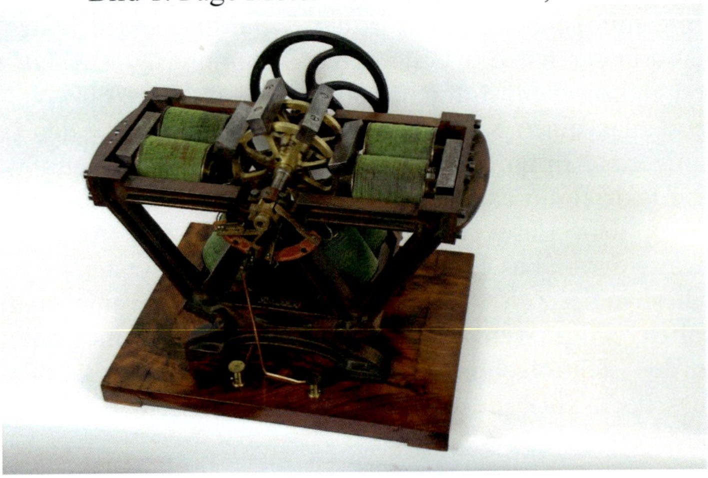

Bild 2: Froment Motor, Fa Froment Paris

Bild 3: Läutinduktor mit Doppel-T-Anker, Siemens, ca 1860

Mit den magnetelektrischen Maschinen dieser Art konnten in der Telegraphie (Magnetinduktionstelegraphen nach Siemens und Wheatstone) und in der Eisenbahn-Signaltechnik (Läutinduktoren) bereits praktische Erfolge erzielt werden. Auch die elektrische Zündung von Minen in den Bergwerken gelang damit. Einen bedeutenden Fortschritt brachte die Entdeckung des „dynamoelektrischen Prinzips“ durch Werner von Siemens und Charles Wheatstone (1866) mit der es gelang die bisher in magnetelektrischen Maschinen notwendigen Dauermagnete durch Elektromagnete zu ersetzen. Die „dynamoelektrische Maschine“ oder kurz gesagt der „Dynamo“ war damit geboren. Mit dem Dynamo, angetrieben durch eine Dampfmaschine, konnte nun genügend elektrische Energie erzeugt werden um etwa eine Stadt mit elektrischem Licht zu versorgen. Als Pionier dafür muss der amerikanische Erfinder Thomas Alfa Edison genannt werden.

Bild 4/1: Edison Dynamo, Elektrizitätsausstellung Paris 1881

2. Dynamoelektrische Motore

Weltweit widmeten sich nun Firmen der Konstruktion und Erzeugung von Dynamomaschinen. Die Firmen Siemens & Halske in Deutschland, Gramme in Frankreich und Edison in den USA können hier zuallererst genannt werden.
Bei Siemens & Halske kam der von Hefner- Alteneck entwickelte Trommelanker zur Anwendung, Gramme in Paris verwendete in seinen Dynamos den vom Firmengründer von Zenobe Gramme entwickelten Ringanker und Edison hatte, dem Vorbild von Hefner- Alteneck folgend, einen eisenlosen Anker in seinen Dynamomaschinen eingesetzt. Nach diesem eingetretenen Erfolg im Bau und in der Anwendung von Dynamos müssen wir uns notwendigerweise die Frage stellen, ob die Entdeckung des „dynamoelektrischen Prinzips“, also die Selbsterregung der Feldmagnete, auch für die Entwicklung der elektrischen Motore eine Bedeutung hatte. Von physikalischer Sicht wäre diese Frage sofort zu beantworten gewesen: Jeder Dynamo ist zugleich auch ein leistungsfähiger elektrischer Motor. Diese Antwort wurde jedoch erst im Jahre 1873 auf der Weltausstellung in Wien durch die Firma Gramme (Paris) mit einem praktischen Versuch gegeben. Man leitete die von einer Gramme Maschine erzeugte elektrische Energie über eine Leitung in eine zweite Gramme Maschine und stellte fest, dass diese als Motor funktionierte. Die Rückwandlung der von einer Dampfmaschine erzeugten mechanischen Energie mittels des elektrischen Stromes über eine Distanz war damit gelungen.

Bild 4/2: Locomobil mit Dampfmaschine und Elektrodynamo 1883

Elektrische Motore der ersten zwanzig Jahre, also aus der Zeit von etwa 1873 bis 1893, die dynamoelektrisch funktionieren, sind heute sehr selten in privaten Sammlungen erhalten. Als Beispiele sind hier die Bilder einer originalen Gramme Maschine, einem Motor der AEG Berlin und einem Motor der Detroit Electric Motor Company, alle versehen mit einem Ringanker nach Gramme, gezeigt. Der Ringanker wurde vom Italiener Pacinotti im Jahre 1860 erfunden, unabhängig davon später auch von Zenobe Gramme.

Bild 5: Gramme Maschine, Fa. Gramme, Paris, 80 kg

Bild 6: Motor der AEG, Berlin um 1890, 60 kg

Bild 7: Detroit Electric Motor Company, 1881, 50 kg

Bild 8: Siemens Trommelanker- Maschine, Robert Moessen, Wien, um 1880

Die Anker der Maschinen von Siemens & Halske und Edison benutzten den Trommelanker nach Hefner Alteneck. Heute hat sich der mit unterteiltem Eisenkörper gebaute Trommelanker nach Hefner Alteneck gegenüber dem Ringanker durchgesetzt.

Bild 9: Edison Maschine, USA 1882,120 kg

Bild 10: Motor von Czeija & Nissl Wien, ca. 1890, 40 kg

3. Spielzeugmotore

Neben den leistungsstarken dynamoelektrischen Motoren wurden elektrische Motore auch als Spielzeug von verschiedenen Firmen erzeugt. Mit diesen konnten kleine Maschinen, wie zum Beispiel eine Kreissäge oder eine Bohrmaschine, die man vielleicht mittels eines Baukastens gebaut hatte, über eine Transmission angetrieben werden. Spielzeugmotore aus der Zeit um 1900 sind heute für Sammler schwer zu finden. Als Beispiele sind die Bilder eines Motors der bekannten Firma Ernst Plank aus Nürnberg, von zwei Motoren der Firma Gebrüder Bing aus Nürnberg und ein Motor des französischen Herstellers Jean Schöner aus Paris gezeigt.

Bild 11: Ernst Plank,

Bild 12: Gebrüder Bing,

Bild 13: Gebrüder Bing,
Nürnberg

Bild 14: Gramme Model, Jean Schöner,
Paris um 1900

4. Abschließende Gedanken zum Sammeln von Elektromotoren

Die ausgewählten gezeigten elektrischen Motore einer bestehenden großen Sammlung stellen sehr seltene und für den „Alte Technik“ Sammler Otto Normalverbraucher kaum erreichbare Objekte dar. Jedoch die Welt der elektrischen Motore ist groß und es gibt auch preiswerte Replica- Motore und erschwingliche Spielzeugmotore sowie auch große schwere dynamoelektrische Motore neueren Datums, bei denen die Transportkosten meistens den Anschaffungspreis überwiegen, die sich für eine Sammlung eignen. Solche Motore können jedoch, entgegen der allgemein herrschenden Meinung, durchaus als Schmuckstücke einer Wohnung angesehen werden, auch schwere Exemplare sind dafür geeignet, wenn man ebenerdig wohnt. Für Besucher können Motore in Betrieb genommen werden und man kann dabei ihre Funktion und deren historische Bedeutung erklären. Ob ein durch Ausschlachten einer

Küchenmaschine, eines E-Fahrrades oder von einem Auto als ein solches Schmuckstück geeignet ist, sei dahingestellt. Für den Sammler stellen elektrische Motore Zeugen der geschichtlichen Entwicklung der Elektrotechnik dar und erinnern an die große Bedeutung, die diese für die Industrialisierung in der Zeit von 1850 an hatten. Die Bedeutung des elektrischen Motors ist dafür durchaus vergleichbar mit der Bedeutung die der Computer seit etwa 1950 für die Automatisierung hat. Andreas und Petra Vavra, Wien, wird für die Bereitstellung von Daten zu einzelnen Motoren gedankt, ebenso für die Verwendung von Fotos.

Schrifttum:

Prof. Dr.-Ing. E.h. Georg Dettmar: Die Entwicklung der Starkstromtechnik in Deutschland. Band 1. Berlin 1940

Franz Pichler: Aufsätze zur Geschichte der Elektrizität.
Trauner Verlag, Linz 2021

Bildnachweis: Bild 1,2, 5-14 Vavra Wien, Bild 3,4 Pichler

erschienen in „Trödler“ 08/2023

4.2 Die Messung der Elektrizität

Sammlung von Messgeräten des 19.Jahrhunderts aus Glas und Messing

Diese Schrift soll versuchen eine Sammlung von verschiedenen elektrischen Messgeräten der Frühzeit dem Leser nahe zu bringen. Solche historische Messgeräte stellen heute zweifellos in ihrer feinmechanischen Ausführung technische Kostbarkeiten aus einer bereits vergangenen Epoche der Elektrotechnik dar. Man kann aber auch weiter gehen: Elektrische Messgeräte dieser Art stellen auch in ihrer Schönheit geeignete Sammelobjekte dar und erinnern uns an die Pionierarbeit, die damit von den Wissenschaftlern und Technikern in ihrer Arbeit zur Vermessung der Elektrizität an elektrischen Maschinen und an den damaligen Systemen für Telegraphie und Telephonie geleistet wurde.

1. Einführung und Überblick

Die Elektrizität als Naturerscheinung wurde seit Urzeiten vom Menschen beobachtet. Beispiele sind durch Blitze bei Gewittern, mit dem Nordlicht und auch mit dem an spitzen metallischen Gegenständen in Form des „Elmsfeuers“, zu beobachtenden Leuchten, wie dieses auf Schiffen bei Heranziehen eines Gewitters zu sehen ist, gegeben. Erst mit der experimentellen Erforschung der

Elektrizität konnten diese Naturerscheinungen eine naturwissenschaftliche Erklärung finden. Als wichtige Persönlichkeiten dafür können für die Frühzeit der englische Arzt William Gilbert (1540-1603), der deutsche Gelehrte Otto von Guericke (1602-1686) und der amerikanische Unternehmer und Politiker Benjamin Franklin (1706- 1790) hier genannt werden. Das Interesse an der Elektrizität führte in der Folge auch zur Konstruktion von Maschinen um künstlich solche Naturphänomene nachahmen und untersuchen zu können. Zu nennen sind hier der englische Instrumentenmacher Francis Hauksbee (1670-1713), der deutsche Gelehrte Johann Heinrich Winckler (1703- 1770), zuletzt Professor für Physik an der Universität Leipzig und der holländische Mediziner und Naturforscher Martinus van Marum (1750- 1837). In dieser Frühzeit der Beobachtung und der Erzeugung der Elektrizität ging es aus heutiger Sicht hauptsächlich um Ladungserscheinungen. Von den heute wichtigen elektrischen Größen und Maßeinheiten, der elektrischen Spannung (Volt), des elektrischen Stromes (Ampere), der elektrischen Leistung (Watt) sowie der elektrischen Ladung (Coulomb) hatte aus heutiger Sicht dabei nur die elektrische Spannung und die elektrische Ladung eine wesentliche Bedeutung. Es war die Zeit der Elektrostatik. Der elektrische Strom und die energetische Wirkung der Elektrizität spielten dabei keine Rolle. Elektrische Messgeräte wie wir diese heute verstehen, gab es noch nicht. Mit einem Elektroskop konnte jedoch die Ladung eines Körpers angezeigt werden.

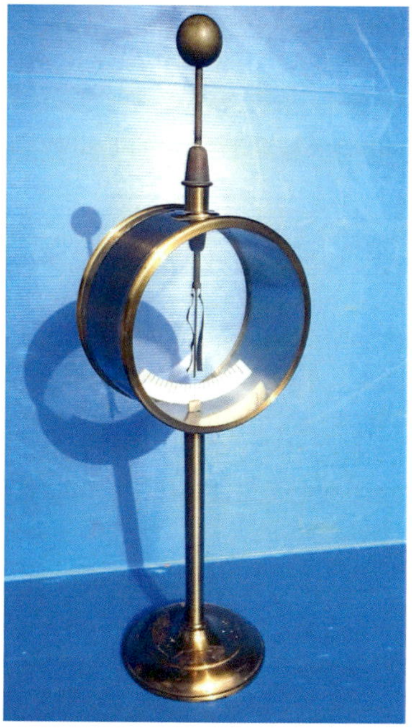

Bild 1:Goldblättchen-Elektroskop Bild 2: Elektroskop mit Zamb. Säule

Mit der Entdeckung der „galvanischen Elektrizität“, beginnend mit den Froschschenkel-Experimenten des italienischen Professors der Medizin in Bologna Aloisii Galvani (1737- 1798) und der Entdeckung des galvanischen Elementes durch den italienischen Physikprofessor Alessandro Volta (1745-1827) in den Jahren 1791 bzw. 1799, wurde für die Elektrizität eine neue Epoche eingeleitet. Nun konnte mit Metallen und Säuren elektrische Ströme, die imstande waren auch eine elektrische Leistung (eine „elektromotorische Kraft“) zu erbringen, erzeugt werden. Damit wurde in Ergänzung zur bisherigen Elektrostatik das Gebiet der Elektrodynamik geschaffen. Mit den Entdeckungen des dänischen Professor für Physik Christian Oersted (1777- 1851), des französischen Mathematikers Andre-Marie Ampere (1735-1836) und besonders auch durch den englischen Experimentalphysiker Michael Faraday (1791- 1867) wurde der Zusammenhang zwischen der Elektrizität und dem Magnetismus, ein Zusammenhang der schon lange das Interesse der Forscher hatte, gefunden. Mit den von Ampere im Jahre 1821 beschriebenen Kraftwirkungen elektrischer Ströme und dem von Faraday im Jahre 1831 gefundenen Induktionsgesetz waren die Mittel um Elektrizität in mechanische Arbeit mittels Motore umzusetzen und auch die Erzeugung von Elektrizität mittels mechanisch angetriebener magnetelektrischer Maschinen gefunden.

Die damit in der ersten Hälfte des 19´ten Jahrhundert erreichten Entwicklung der Elektrizität motivierten die damaligen Physiker exakte Grundlagen dafür zu erarbeiten. Als einen wichtigen Beitrag dafür kann das Buch „Die Galvanische Kette“ des deutschen Gymnasiallehrer Georg Simon Ohm vom Jahre 1827 gelten, in dem die materiellen Parameter angegeben wurden, die für die Stärke eines elektrischen Stromes maßgebend sind. Heute kennt man diese in Form des elektrischen Widerstandes eines Stromkreises (gemessen in der Einheit „Ohm“) und des von Ohm dafür angegebenen Gesetzes (Ohmsches Gesetz). Als einen weiteren wichtigen Naturwissenschaftler dieser Zeit kann der Göttinger Physikprofessor Wilhelm Weber (1804- 1891) genannt werden. Weber hat einen wesentlichen Beitrag zu den Grundlagen der Konstruktion elektrischer Messgeräte und für die Durchführung von Messungen geleistet.

Die großartige Entwicklung der Elektrotechnik in der zweiten Hälfte des 19´ten Jahrhunderts machte es erforderlich, die wesentlichen elektrischen Messgrößen international festzusetzen. Die international dazu stattgefundenen Elektrikerkongresse in Paris (181-1884), Chicago (1893), London (1898) und Berlin-Charlottenburg (1905) lieferten dazu Beiträge. In Deutschland hat sich die Physikalisch-Technische Reichsanstalt (PTR) in Charlottenburg diesem Thema gewidmet und am 1. Juni 1898 wurde in Deutschland das Gesetz über die elektrischen Maßeinheiten beschlossen in dem das *Ohm*, das *Ampere* und das *Volt* als gesetzliche Einheiten für elektrische Messungen festgelegt wurden.

Daraus wurden auch die Einheiten *Coulomb* für die Ladungsmenge, Watt für die elektrische Leistung, *Farad* für die Kapazität eines Kondensator und *Henry* für die Induktivität einer Spule abgeleitet. Mit der Angabe der Konstruktion von Gebrauchsnormalen sind einem Konstrukteur von elektrischen Messinstrumenten Vergleichsobjekte zur Eichung gegeben. Erst mit der Festlegung elektrischer Messgrößen. die in der Praxis verwendet werden konnten, konnte eine industrielle Produktion von elektrischen Messgeräten erfolgen.

2. Zur Funktion elektrischer Messgeräte

In vielen Fällen ist die Funktion eines elektrischen Messgerätes dadurch gegeben, dass durch eine elektrische Ladung oder durch einen elektrischen Strom eine mechanische Kraft erzeugt wird, die in der Regel eine Drehbewegung auslöst. Die Größe der Drehung wird dann oft durch einen Zeiger, der entlang einer Skala läuft, angezeigt. Als Beispiele dafür können *Drehspulinstrumente* genannt werden bei denen eine drehbare Spule mit Zeiger, im Feld eines Dauermagneten aufgehängt ist.

Bild 3: Drehspulinstrument

Bei einem *Dreheiseninstrument* ist umgekehrt ein drehbares Eisenstück oder ein Magnet das den Zeiger trägt, innerhalb einer Spule angebracht. Wird die Spule von einem Strom durchflossen, so wird dieses Eisenstück aus der Ruhelage wegbewegt. Eine besondere Form dafür liegt mit den *Torsionsgalvanometern* vor, bei denen die Drehung des Magneten mittels der dazu erforderlichen Torsionskraft angezeigt wird.

Bild 4

Bild 5

Bild 4: Torsions-Galvanometer für Gleichstrom, Siemens & Halske, Berlin 1880

Ein Glockenmagnet ist zwischen zwei Spulen an einem Seidenfaden aufgehängt. Mittels einer Spiralfeder kann mittels Drehung die Torsions- Rückstellkraft eingestellt werden. Ein Zeiger gibt diese auf einer Skala an. Der Torsionswinkel ist proportional zu dem zu messenden Strom. Windflügel aus Glimmer geben der Bewegung des Glocken-Magneten eine Dämpfung, womit die Messung beschleunigt wird. Eine genaue Beschreibung der Funktion findet sich in dem Buch von Otto Frölich das am Schluss dieser Schrift angegebenen ist.

Bild 5: Nadelgalvanometer, Siemens & Halske Berlin

Im Falle eines Nadelgalvanometers ist das Weicheisenstück durch eine Magnetnadel ersetzt. Diese Instrumente gehören zu den ältesten elektrischen Messinstrumenten. Sie entstanden in der Zeit der Entdeckung der Verstärkung der magnetischen Wirkung eines elektrischen Stromes mittels einer Spule, damals von Schweigger als „Multiplikator“ bezeichnet. Man spricht dann auch oft von Multiplikatorinstrumenten. Da eine Magnetnadel auch vom erdmagnetischen Feld beeinflusst wird sind genaue Messungen mit einfachen Multiplikator-Instrumenten oft nicht möglich. Eine Verbesserung erreicht man durch die Verwendung von zwei übereinander liegenden Magnetnadeln, die entgegengesetzt zueinander polarisiert sind (astatisches Nadelpaar), wie dies von Ampere zuerst vorgeschlagen wurde.

Bild 6: Multiplikator-Instrument, Franz Stefflitschek, Wien, ca 1910

Der von Schweigger im Jahre 1821 erfundene Multiplikator ist nichts anderes als eine flachgedrückte Spule, die im Inneren Platz für eine Magnetnadel hatte. Damit erreichte man eine Multiplizierung der Empfindlichkeit. Um das erdmagnetische Feld zu kompensieren, diente ein astatisches Nadelpaar, das bereits von Ampere verwendet wurde. Die damit entstandenen elektrischen Messinstrumente waren lange Zeit bei Physiker in Verwendung. so wird berichtet, dass Faraday ausschließlich mit Multiplikator-Instrumenten seine Experimente unterstützte. Eine besondere Form eines elektrischen Messinstrumentes, das eine große Empfindlichkeit hat, liegt mit dem *Spiegelgalvanometer* vor. Bei diesem besteht die „Nadel" aus einem kleinen Magnetblättchen mit einem daran angebrachten Spiegel. Ein von diesem reflektierter Lichtstrahl (Lichtzeiger) zeigt die geringste Drehung des Magnetblättchens an. Der englische Physiker William Thomson gilt als Erfinder des Spiegelgalvanometers (1856). In der ersten Zeit der Telegraphie über den Atlantischen Ozean diente das Spiegelgalvanometer sowohl zur Messung am Kabel während der Verlegung als auch als empfindlicher Empfänger des Morsecodes (Sprechgalvanometer).

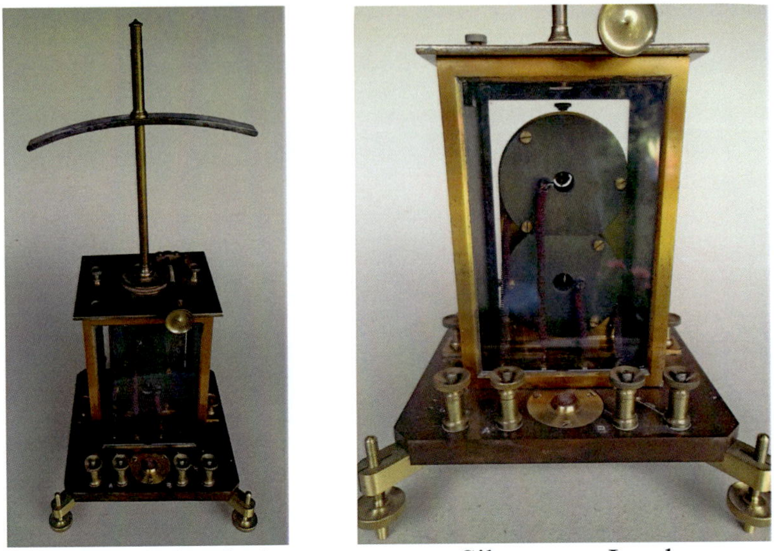

Bild 7; Spiegelgalvanometer von Silvertown, London

Bei den *elektrodynamischen Instrumenten* werden zwei Spulen (mit oder ohne Eisenkern) verwendet, wobei eine Spule drehbar gelagert ist. Elektrodynamische Instrumente können sowohl für Strom- und Spannungsmessung aber im Besonderen auch für Leistungsmessung eingesetzt werden. Eine wesentliche Eigenschaft dieser Instrumente ist, dass sie auch für Wechselstrom verwendet werden können.

Bild 8

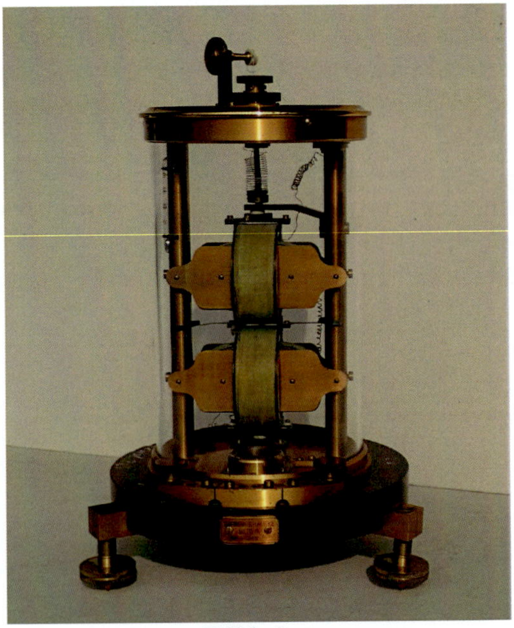

Bild 9

Bild 8: Spiegel-Elektrodynamometer, Siemens & Halske, Berlin 1880

Das Instrument besitzt eine kugelförmige drehbare Spule die nach oben mit einem Spiegel an einem Seidenfaden aufgehängt ist und nach unten über eine Achse ein Flügelrad zur Dämpfung in einem Wasserbad bewegt. Das Instrument wurde von Otto Frölich konstruiert und diente zur Leistungsmessung als auch für Strom- und Spannungsmessungen für Gleich- und Wechselstrom.

Bild 9: Astatisches Elektrodynamometer, Siemens & Halske, Berlin 1887

Dieses Instrument ist ein Torsions-Galvanometer mit zwei Spulenpaaren, deren magnetische Wirkung entgegengesetzt ist und damit den Einfluss des Erdmagnetfeldes weitgehend aufhebend. Jedes Spulenpaar besteht aus einer festen und einer beweglichen Spule.

3. Festlegung elektrischer Einheiten

Wenn wir heute von elektrischen Größen und den zugehörigen Maßeinheiten hören, so denken wir nicht mehr an die mühsame Entwicklung die dafür während der Entstehung des Gebietes der Elektrizität und der Elektrotechnik notwendig war. Wie auch in anderen Gebieten der Physik und der Technik hat es Generationen gedauert, bis der heutige Stand erreicht wurde. Es dauert generell eine gewisse Zeit bis, ausgehend von einer physikalischen Entdeckung und deren nachfolgenden theoretische Behandlung, es schließlich zur erfolgreichen Konstruktion eines elektrischen Gerätes, einer elektrischen Maschine oder eines ganzen elektrischen Systems kommt. Während sich in der ersten Zeit der Elektrizität die Physiker und die Konstrukteure sich dafür vielfach mit qualitativen Beschreibungen zufrieden gaben, die man oft reichlich mit Zeichnungen unterstützte, erforderte später diese die experimentelle Bestätigung durch die Durchführung von Messungen. Der Konstrukteur musste bereits vor dem Zusammenbau die richtige Funktionsweise der Komponenten durch geeignete Messungen überprüfen. Dafür waren natürlich entsprechende Messinstrumente erforderlich.

Zahlreiche internationale Anstrengungen waren notwendig, um für die Elektrizität und die Elektrotechnik die Maße der elektrischen Größen einheitlich festzulegen. Im Jahre 1981 fand dazu in Paris an der Internationalen Elektrizitätsausstellung ein Kongress statt, in dem die ersten Schritte zu einer internationalen Regelung unternommen wurden. Von Deutschland wurde als Widerstandseinheit die Siemens´sche Quecksilbereinheit (SE), die von Werner von Siemens bereits im Jahre 1865 vorgeschlagen wurde, zur Diskussion gestellt. Von England wurde die „British-Association-Unit“ (BAU), die auch als „Ohm“ bezeichnet wurde, vorgeschlagen. Nach längeren Verhandlungen einigte man sich auf die Quecksilbereinheit von Siemens, die jedoch den Wert von 1 Ohm erhielt. Auch bei der Stromstärke gab es Unterschiede. In Deutschland war die Einheit 1 Weber in Gebrauch, in England war davon der zehnfache Wert als Einheit der Stromstärke in Verwendung. Man einigte sich auf die englische Größe und führte dafür die Bezeichnung Ampere ein. Die Einheit Volt für die elektrische Spannung war bereits allgemein in Verwendung. Des weitere wurde für die Elektrizitätsmenge das Coulomb und für die Kapazität das Farad festgelegt. Spätere Pariser Kongresse führten für die elektrische Leistung den Namen Watt, für die elektrische Energie das Joule und für die Induktivität das Henry ein. Die Pariser Kongresse konnten noch nicht eine exakte Gleichheit der elektrischen Einheiten erzielen. Diese Aufgabe wurde im Kongress, der anlässlich der Internationalen Elektrizitätsausstellung im Jahre 1893 in Chicago abgehalten wurde, weitgehend gelöst, so dass in Deutschland am 1. Juni 1898 ein Deutsches Gesetz über die elektrischen Maßeinheiten erlassen wurde.

4. Praktische Verwendung elektrischer Messgeräte

Die Messung elektrischer Größen wie die elektrische Spannung (in Volt), des elektrischen Stromes (in Ampere) oder des elektrischen Widerstandes (in Ohm) werden bis heute hauptsächlich im Rahmen des Entwurfs und der Fertigung elektrischer Geräte, wie Dynamos, Motore oder Transformatoren durchgeführt. Wichtig sind diese jedoch auch für die Instandhaltung dieser und allgemein für elektrische Systeme. In der Vergangenheit galt dies im Besonderen für die Systeme für Telegraphie und Telephonie. Im Folgenden sollen dafür einige Beispiele gegeben werden.

Messung des Ladezustandes einer Batterie

Diese Messung kann dadurch erfolgen, dass man den bei einem Kurzschluss entstehenden Strom misst. Dies konnte mittels eines Nadelgalvanometers nach Bild 10 erreicht werden. Der Kurzschluss wird durch eine Leiterschleife aus Kupferblech gebildet. Deren magnetisches Feld erzeugt den Ausschlag einer astatischen Nadel.

Bild 10: Batterieprüfer nach Fechner, Franz Stefflitschek Wien

Messung des elektrischen Stromes in der Morse-Telegraphie

Zur Messung des durch die Sendung von Morsezeichen abgegebenen Stromes dienten als notwendiger Bestandteil einer Telegraphenstation einfache Nadelinstrumente. Als ein Beispiel für ein solches Instrument ist in Bild 11 eine für Österreich typische „Linien-Bussole" der Firma Wolters, k.u.k. Hofmechaniker in Wien, gezeigt.

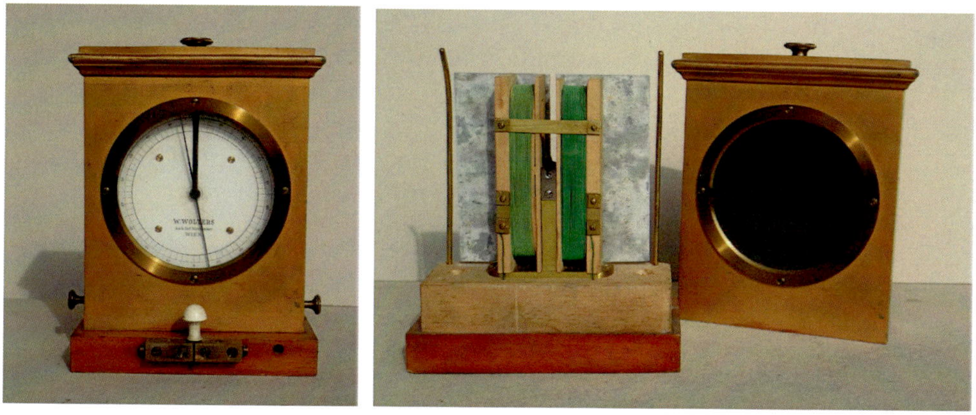

Bild 11: Linien-Bussole von Wolters, Wien

Messungen im Rahmen der Instandhaltung von Telegraphenleitungen

Im Rahmen der Instandhaltung von Telegraphen- Freileitungen über Land und auch für solche mittels Kabel unter der Erde dienten transportable Geräte mit denen genaue Widerstandsmessungen, aber auch Strom- und Spannungsmessungen durchgeführt werden konnten. Ein besonders dafür geeignetes Messgerät stellt das von Werner von Siemens im Jahre 1868 konstruierte Universalgalvanometer nach Bild 12 dar. Eine Weiterentwicklung davon ist mit dem Universalgalvanometer von Siemens & Halske des Jahres 1897, das in Bild 13 zu sehen ist, gegeben.

Bild 12

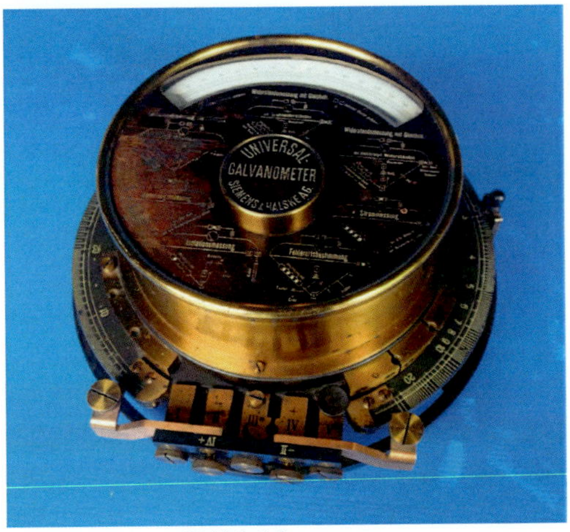

Bild 13

Bild 12: Universalgalvanometer, Siemens & Halske 1868

Dieses Instrument, dessen Konstruktion auf Werner von Siemens zurückgeht, wurde ursprünglich für Messungen im Telegraphenbetrieb eingesetzt. Es integriert ein Multiplikator-Instrument mit astatischer Nadel mit einer Wheatstone´schen Brücke auf kleinstem Raum. Mit zusätzlichen Widerständen konnte der Messbereich erweitert werden. Die Firma Siemens & Halske erzeugt dieses Instrument bis zum Jahre 1900.

Bild 13: Universalgalvanometer Siemens & Halske 1897

Dieses Messinstrument stellt in seiner Funktion eine Neuauflage des Universal-Galvanometers vom Jahre 1868 dar. Das damals verwendete Multipikator-Nadelinstrument wurde durch eine Drehspulinstrument nach Deprez d´Arsonval ersetzt. Es realisiert eine Messbrücke nach Wheatstone. Der Brückendraht wird am Rand einer Schieferscheibe geführt und ermöglicht einen Feinabgleich. Die Vergleichswiderstände zu 1,10,100 und 1000 Ohm sind als Stöpselwiderstande vorhanden. Mit Skizzen an der Frontplatte werden verschiedene mögliche Mess-Schaltungen gezeigt.

Für Instandhaltungsarbeiten bei Telephonleitungen wurde im Auftrag der Deutschen Reichspost auf Vorschlag von Prof. Breisig im Jahre 1901 das in Bild 14 gezeigte Messgerät für Telegraphen- und Telephonleitungen von der Firma Siemens & Halske gefertigt

Bild 14: Messgerät für Telegraphen-und Telephonleitungen, Siemens & Halske, 1901

Messungen an Seekabeln

Eine besondere Herausforderung für die elektrische Messtechnik stellte in der zweiten Hälfte des 19. Jahrhunderts die Legung der verschiedenen Seekabel durch die Meere dar. Neben den Kabeln zum telegraphischen Anschluss von England an den europäischen Kontinent (1851, erstes Kabel von Dover nach Calais) und den Kabeln durch das Mittelmeer und durch das Rote Meer auf dem Weg nach Indien, verlangten im Besonderen die Kabel zur Überbrückung des Atlantik (1858 erste misslungene Legung, 1866, erfolgreiche Legung) den Einsatz besonderer elektrischer Messgeräte. Für die ersten Kabellegungen genügten bis dahin noch die für die Telegraphie über Land eingesetzten Instrumente. Die wissenschaftliche Betreuung des ersten Kabels von Suez nach Aden durch das Rote Meer lag in den Händen von Werner von Siemens. Er konstruierte dafür ein spezielles Nadelinstrument (Sinustangenten-Bussole) das in Bild 15 gezeigt ist.

Bild 15: Sinustangenten-Bussole, Siemens & Halske 1859

Für die Messungen im Rahmen der Legung der Atlantikkabel war das dafür von William Thomson erfundene Spiegelgalvanometer am besten geeignet.
Es war notwendig stets die Funktion des Kabels von Land aus zum Legeschiff durch Messung zu überprüfen. Wegen der erforderlichen großen Empfindlichkeit war dafür das Spiegelgalvanometer von Thomson am besten geeignet. Bild 16 zeigt einen typischen Messplatz, wie dieser an Land eingerichtet werden musste. Den wichtigen Teil bildet das im Vordergrund zu sehende Spiegel-Galvanometer zusammen mit dem Fernrohr zur Ablesung des vom Lichtzeiger angezeigten Wertes.

Bild 16: Messplatz mit Spiegelgalvanometer
bei Messungen am Atlantikkabel

Literaturhinweise

Dr. O. Frölich: Die Entwicklung der Elektrischen Messungen
Braunschweig Vieweg und Sohn, 1905

Prof. Dr. Wilhelm Jaeger: Die Entstehung der internationalen Maße der Elektrotechnik. Verlag von Julius Springer, Berlin 1932

Franz Pichler: Historische elektrische Messgeräte. Trauner Verlag Linz 2020

Franz Pichler: Telegraphie durch die Meere. Trauner Verlag Linz 2018

erschienen in „Trödler“ 05/2023

5. Telegraphie und Telefonie

5.1 Telegraphen- Apparate

1. Einleitung

Dieser Aufsatz behandelt das Sammeln von Telegraphen-Apparaten. Da dies kein allgemein eingeführtes Sammelgebiet (noch) nicht ist, drängen sich zuerst einige Fragen dazu auf, z.B. die Frage „warum soll man solche technischen Geräte sammeln, was sind mögliche Motive dafür“ und „wie soll ich mit dem Sammeln beginnen und wann gilt es damit aufzuhören?“, des Weiteren „was kann ich mit meiner Sammlung machen, wie kann ich diese wieder „entsammeln“, d.h. verkaufen, verschenken oder vererben?“, „warum soll ich überhaupt Telegraphen-Apparate sammeln? “ und ähnliche mehr. Wir können diese Fragen im Einzelnen nicht behandeln. Mögliche Antworten dazu mag sich der Leser nach dem Lesen dieses Aufsatzes selbst geben. Der Aufsatz unternimmt nur den Versuch das Sammelgebiet „Morse-Telegraphen“ vorzustellen und erzählt meine persönliche Geschichte dazu. Motive um mit dem Sammeln solcher Geräte und Instrumente gibt es viele.

Einmal kann die gediegene sorgfältig durchgeführte handwerkliche Arbeit, die bei der Erzeugung eingesetzt wurde, der Grund dafür sein. Das goldglänzende Messing der Chassis eines Telegraphen, lackiert mit Zapon-Lack, das Zahnradwerk, das an ein altes Uhrwerk erinnert und für den Transport des Papierstreifens sorgt, auf dem die ankommenden Morsezeichen geschrieben werden, alles das mag begeistern. Dazu kommt noch als wichtigstes Bauteil eines Morse-Telegraphen der Elektromagnet mit den beiden Wicklungen, der durch die ankommenden Stromimpulse erregt wird und den Schreibhebel betätigt.

Ein anderes Motiv zum Erwerb eines Morse-Telegraphen-Apparates ergibt sich durch dessen historische Bedeutung. Mit der elektrischen Telegraphie wurde in der Mitte des 19. Jahrhunderts eine epochale Erfindung gemacht. Der bisher bestehende Briefverkehr auf dem Postwege erhielt durch die elektrische Telegraphie eine wichtige Ergänzung. Die damit mögliche schnelle elektrische Übertragung von schriftlichen Nachrichten bekam in Wirtschaft und Politik eine große Bedeutung. Von den verschiedenen für die elektrische Telegraphie gemachten Erfindungen stellte sich das System des amerikanischen Kunstmalers Samuel Morse als besonders erfolgreich heraus. Die erste „Morselinie“ wurde im Jahre 1844 von der amerikanischen Hauptstadt Washington nach der etwa 70 km entfernten Stadt Baltimore in Betrieb genommen. Innerhalb von zehn Jahren war in den USA die gesamte Ostküste mit Telegraphenlinien verbunden und auch in Europa, besonders in Deutschland, im damaligen Österreich und in der Schweiz entstand ein Netz von Telegraphen-Stationen. Mit dem im Jahre 1850 in Dresden gegründeten Deutsch-Österreichischen Telegraphenverein, dem in der Folge viele europäische Länder beitraten, entstand ein Gremium das die notwendigen internationalen Vereinbarungen beschloss. Die Herstellung der telegraphischen Verbindung von New York nach San Francisco im Jahre 1861, die erfolgreiche Überbrückung des Atlantischen Ozeans im Jahre 1866 und der telegraphische Anschluss des australischen Kontinents im Jahre 1872 mögen, um Stefan Zweig diesbezüglich zu ergänzen, als Sternstunden der Menschheit gewertet werden. Heute ist die telegraphische Übertragung von schriftlichen Nachrichten natürlich nach wie vor wichtig, allerdings haben sich, wie wir wissen, die dafür eingesetzten technischen Geräte stark verändert. Statt der mühsamen Eingabe von Morsezeichen, kann der Text mit gewöhnlichen Buchstaben mittels einer Tastatur an einem Telefon-Apparat oder an einem PC, also an einem Personal Computer, eingegeben werden und die empfangene Nachricht kann an einem Bildschirm abgelesen werden und wird zugleich auch gespeichert. Statt der (singenden) Leitungen über das Land und der Kabel treten heute Funknetze und auch das Internet. SMS und Email stellen in der heutigen Zeit die Telegraphie dar.

2. Der erste Morse-Telegraph in meiner Sammlung

Vielfach stellt ein Zufallsfund den ersten Schritt zum Sammeln eines Telegraphen-Apparates dar. Dies war auch bei mir der Fall. Es muss wohl mehr als vierzig Jahre her sein, seit ich bei einem Altwarenhändler in Linz einen solchen entdeckte. Als gelernter Fernmeldemonteur kannte ich natürlich dessen technische Funktion, obwohl in der Ausbildung die Morse-Telegraphie keine Bedeutung mehr hatte und der Telegraphen-Apparat durch den Fernschreib-Apparat längst ersetzt war. Als Kind hatte ich wohl die Telegraphen-Apparate am Bahnhof meiner Heimatgemeinde in Salzburg gesehen und in Erinnerung behalten. Nun wurde ein solcher zum Kauf angeboten. Mit dem Vorsatz dass dies eine einmalige Aktion sein sollte, unterstützt durch die mir selbst ausgedachte Begründung, dass ich in meinem Dienst bei der Österreichischen Post- und Telegraphenverwaltung als Beamter mit dem Titel „Provisorischer Telegraphen-Assistent“ angefangen habe, kam der Kauf zustande. Dieser Telegraph, ein „Tintenschreiber“ erzeugt um das Jahr 1900 von der Firma Kapsch und Söhne Wien, steht bis heute in meiner „Gruselkammer“, wie mein Arbeitszimmer genannt wird. Viele weitere Morse-Telegraphen sollten in den Jahren nachher folgen.

Bild 1. Der erste Telegraph der Sammlung

3. Der Aufbau der Sammlung

Soweit ich mich erinnere dauerte es noch einige Jahre bis ich „richtig“ mit dem Sammeln von Telegraphen-Apparaten begann. Ich war in diesen Jahren zunächst noch mit zwei anderen Sammelgebieten voll beschäftigt: Mit dem Sammeln von Büchern, mit dem Sammeln von Radio-Apparaten und auch von Fossilien aus meiner salzburgischen Heimat. Bei den Telegraphen beschränkte ich mich nicht nur auf Morse-Geräte sondern auch Nadeltelegraphen und Zeigertelegraphen waren für mich von Interesse. Da diese aber relativ selten zu finden sind und auch preislich meistens „weh“ tun, galt mein Hauptinteresse den Morse-Telegraphen. Neben dem Telegraphen-Apparat galt es aber auch das notwendige Zubehör, im Besonderen hier Morsetasten, die zum Senden der Morsezeichen als elektrische Impulse notwendig sind, für die Sammlung zu erwerben. Neben Morsetasten waren auch Telegraphenrelais der verschiedensten Art sowie Linien-Instrumente, das sind Galvanometer die den Sendestrom kontrollieren als wichtiges Zubehör für die Sammlung zu finden. Bei anderen Teilen einer vollständigen Telegraphenstation, wie den Einrichtungen für den Blitzschutz und Batterien, hielt ich mich zurück. Elektrische Isolatoren, die heute für sich selbst ein großes Sammelgebiet darstellen, wurden von mir nur als Einzelstücke gesammelt. Technische Museen, die die Aufgabe haben, die ganze historische Technologie zu sammeln, müssten auch noch die verschiedenen Leitungsmaste mit dem „Gestänge“ den Mitteln zur Anbringung der Isolatoren und auch Muster der in das Erdreich eingegrabenen Kabel in ihrem Bestand haben, alles

Objekte, die für einen privaten Sammler kaum in Frage kommen. Innerhalb von wenigen Jahren konnte ich eine stattliche Anzahl von Gerätschaften der Morse-Telegraphie anschaffen. Neben österreichischen Geräten bildeten deutsche Geräte und später auch amerikanische Geräte den Hauptteil meiner Sammlung. Dazu kamen noch Geräte aus Frankreich, Italien, Schweden und England. Der Erwerb dieser Apparate und des notwendigen Zubehörs war jedoch nicht immer einfach und ich musste, wie jeder Sammler am eigenen Leib erfährt, mein Lehrgeld dafür zahlen.

Bild 2: Zubehör einer Telegraphenstation:
australische und amerikanische Isolatoren,
Linieninstrumente, Morsetasten, Schwanenhalsrelais

4. Erfahrungen beim Sammeln von Telegraphen-Apparaten

Es mag interessant sein zu erfahren, welches Lehrgeld in einzelnen Fällen zu bezahlen war und mit welchen Schwierigkeiten ein Sammler unter Umständen konfrontiert ist. Aller Anfang ist bekanntlich schwer. So war es auch bei der Erwerbung meines zweiten Morsetelegraphen. Von einem Linzer Altwarenhändler, dem „Josef" an der Donaulände erfuhr ich von einem gewissen „Otto", der alles Technische kauft, sammelt, vertauscht und verkauft. Der müsste, so sagte „Josef", auch einen Telegraphen haben. Es war richtig, bei „Otto" war alles zu finden. Schon der Eingang zu seinem kleinen Einfamilienhaus war gesäumt von alten Maschinen, Flugzeugpropellern, Elektroschrott und anderem „Graffel". Auch im Haus war alles voll, diesmal mit historischen Telefon-Apparaten der seltensten Art, verschiedenen elektrischen Geräten und Radios, alles aufgetürmt auf der damit nicht mehr begehbaren Stiege zum Obergeschoß. Aber „Otto" hatte tatsächlich einen schönen österreichischen Telegraphen, den sogenannten „gedeckten" Telegraphen der ab dem Jahre 1870 gebaut wurde und unter Sammlern heute despektierlich „Katzenbuckel" genannt wird. Er wollte jedoch diesen Telegraphen nur im Tausch gegen ein anderes Gerät hergeben. So kam es zum Tausch gegen eine mechanische Rechenmaschine vom Typ einer Thomasmaschine, die in Glashütte, Sachsen, erzeugt worden ist. Wie ich später in Erfahrung bringen konnte, hatte die Rechenmaschine einen wesentlich höheren Wert als der Telegraph. Über dieses von mir erhaltene Lehrgeld hat sich „Otto", ein gelernter Rauchfangkehrer, sicher gefreut.

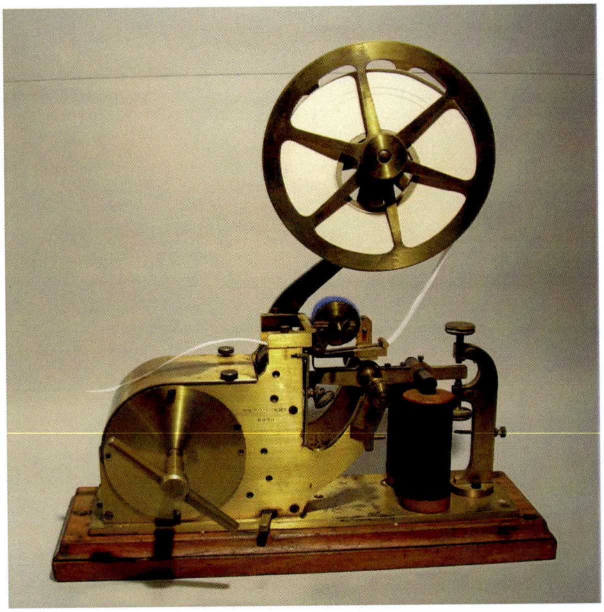

Bild 3 Der zweite Telegraph der Sammlung

Jeder Sammler macht die Erfahrung, dass es auch andere Sammler gibt, die auch an den für die Sammlung ins Auge gefassten Stücken Interesse zeigen. Auf Flohmärkten besteht dazu das ungeschriebene Gebot sich nicht vorzudrängen und in Ruhe zu warten bis man an der Reihe ist. Auf den amerikanischen Flohmärkten wird dies besonders streng genommen. Ich habe aber auf diesen Märkten die leidvolle Erfahrung gemacht, dass es Sammler gibt, die bei den Händlern von vorne herein alles reservieren lassen und ein gewöhnlicher Interessent nur die später übrig gebliebenen Stücke erhalten kann. Dies geschah mit mir über mehrere Jahre auf dem jährlich stattfindenden großen Flohmarkt der Antique Wireless Association (AWA) in Rochester, New York. Es gelang mir einfach nicht einen amerikanischen Morse-Apparat, dort „register" genannt, der Zeit vor 1865 zu bekommen. Auch „Tom" der hier ein Experte war, konnte oder wollte mir dabei nicht helfen. „Vince", ein Sammler aus Arizona, hatte stets bei den dafür zuständigen Händlern, z.B. bei „Roger", alles reserviert und zahlte jeden Preis. Leider ließ „Vince“ stets nichts für mich übrig. Erst als „Vince“ aus gesundheitlichen Gründen mit dem Sammeln aufhören musste, gab es für mich gewöhnlichen Flohmarktbesucher die Chance bei „Roger“ frühe amerikanische Telegraphen-Geräte zu bekommen. So konnte ich dann, allerdings zu einem astronomischen Preis, mit dem „harp register“ ein besonderes Stück erwerben. Wie ich herausgefunden habe, wurde dieses Modell auf der Linie von Baltimore nach Philadelphia, die im Jahre 1846 als Verlängerung der ersten Linie von Washington nach Baltimore in Betrieb genommen wurde, eingesetzt. Das „harp register“ gehört heute noch zu den besonderen Stücken meiner noch bestehenden Sammlung. Im Laufe der Jahre gelang es mir trotz der anfänglichen Schwierigkeiten eine gute Sammlung von amerikanischen Morsetelegraphen aufzubauen und ich habe bis heute eine Freude damit.

4.1 Harp Register 1846 , Clark and Son
Philadelphia 1846

4.2 Register von Phelps
Troy,NY, ca 1850

4.3 Register von Chubbuck
Utica,NY 1846

4.4 Register von Tillotson
New York, ca 1860

Bilder 4.1 bis 4.4: Amerikanische Morse-Apparate (register)

5. Seltene deutsche Telegraphen-Apparate der ersten Stunde

Jeder Sammler versucht besonders seltene und kostbare Stücke für seine Sammlung zu erwerben. Dies war auch bei mir der Fall. In den ersten Jahren war ich auf das Finden seltener österreichischer Geräte konzentriert und ich hatte das Glück solche zu finden. Der offene, von Johann Ekling in Wien ab dem Jahre 1851 erzeugte Morsetelegraph mit Federantrieb war noch relativ leicht zu finden. Der Grund dafür war, dass viele dieser Geräte durch nachfolgende verbesserte Modelle ersetzt wurden und dann in die Physikalischen Kabinette der Schulen wanderten und sich dadurch erhalten haben. Später, als sie für den Unterricht unbrauchbar wurden, kamen sie zu Altwarenhändlern. Historisch interessante deutsche Morseapparate zu finden, war bedeutend schwieriger. Dazu mag auch der Zweite Weltkrieg beigetragen haben. Messing war ein kriegswichtiges Metall in dieser Zeit. Ich hatte aber das Glück, dass ich von Sammlerkollegen hier Hilfe erhielt. Im Laufe der Jahre erhielt ich so von „Fons“ den ersten mit Gewicht betriebenen Morse-Telegraphen von Siemens & Halske aus dem Jahre 1850, allerdings bereits umgebaut als Farbschreiber, des weiteren von „Andre“ den von Siemens & Halske für den Export in das russische Zarenreich speziell konstruierten Morsetelegraphen „mit schwingendem Anker“, der auf der Strecke von Warschau nach St. Petersburg eingesetzt war und von „Anton“ als besondere Attraktivität den staubsicher ausgeführten Morse-Telegraphen für die Strecke von St. Petersburg nach Sewastopol auf der Halbinsel Krim. Diese Strecke wurde mit der von Werner von Siemens entwickelten Induktionstelegraphie betrieben. Das dafür eingesetzte polarisierte Relais und die Morsetaste hatte ich bereits in meinem Besitz. Die Induktionsspule, die dazu noch notwendig ist, konnte ich jedoch bis heute nicht finden. Die in der ersten deutschen Morselinie vom Jahre 1848 von Hamburg nach Cuxhaven eingesetzten Telegraphen-Instrumente, die von der amerikanischen Werkstätte von Chubbuck bzw. später in Deutschland von Robinson erzeugt wurden, sind heute höchstens nur noch in Museen zu finden. Ich konnte aber dazu ähnliche Telegraphen für meine Sammlung erwerben.

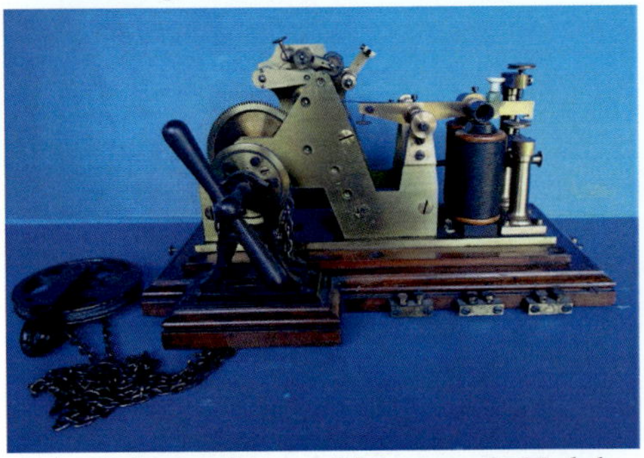

5.1 Telegraph von Siemens & Halske mit Gewichtsantrieb, 1851

5.2 Telegraph von Siemens „mit schwingenden Anker“ 1853

5.3 Morse Telegraph
für Induktionstelegraphie
Siemens & Halske

5.4 Polarisiertes Relais
von Siemens & Halske 1853 erzeugt vom
Werk in St. Petersburg, Russland

Bilder 5.1 bis 5.4: Erste Morse-Telegraphen-Apparate von Siemens & Halske

6. Telegraphie über die Meere

Schon bald nach der Einführung der Morsetelegraphie in Europa entstand der Wunsch auch England und die Inseln im Mittelmeer und an der Ost- und Nordsee telegraphisch anzuschließen. Auch die Legung eines Kabels über den Atlantischen Ozean nach Amerika wurde ins Auge gefasst. Bereits 1851 konnte das erste Kabel über den Ärmelkanal von Dover nach Calais erfolgreich in Betrieb genommen werden, wodurch England mit dem europäischen Kontinent verbunden war. Innerhalb weniger Jahre entstand ein Netz von Seekabeln mit dem neben England viele weitere Inseln telegraphisch erschlossen wurden. Im Jahre 1870 wurde ein Kabel durch das Rote Meer und weiter nach Indien gelegt, 1872 konnte auch der australische Kontinent, nachdem der „Overland Telegraph", eine Freileitung quer durch den Outback von Adelaide nach Darwin, fertig wurde, an Europa angeschlossen werden.

Nach dieser Einleitung stellt sich die Frage, welche Perspektiven sich mit den Seekabeln in Bezug auf das Sammeln von Telegraphen-Apparaten ergeben. Dazu sei zuerst angeführt, dass die Seekabel-Telegraphie spezielle Instrumente erfordert. Die über ein langes Kabel übertragenen Morsezeichen kommen beim Empfänger sehr schwach und in stark verzerrter Form in „Kabelschrift" an und es gilt daraus die Zeichen des Morsecodes zu eruieren. In der ersten Zeit wurde als Empfänger ein empfindliches Spiegelgalvanometer, später etwas komfortabler als „Sprechgalvanometer" ausgeführt, verwendet. Später folgte der

Siphonrecorder der die empfangenen Signale in Kabelschrift auf einem Papierstreifen aufzeichnete. Für nicht zu lange Seekabel-Strecken wurde auch der preislich günstigere Undulator eingesetzt. Kurze Kabelstrecken konnten jedoch durchaus mit den üblichen Morsegeräten betrieben werden. Während es möglich war für meine Sammlung ein Sprechgalvanometer und einen Undulator zu finden, so war ein Siphon-Recorder stets außer Reichweite. Wohl hatte mir vor vielen Jahren mein schottischer Sammlerkollege „Michael“ gut meinend, mir einen solchen einmal angeboten, aber mein Finanzrahmen war dafür zu schmal. Auch die Größe eines solchen Gerätes wäre eine große Herausforderung für unser Wohnzimmer oder für die „Gruselkammer“ gewesen. Zum Trost kann ich aber stets Siphonrecorder in Museen bewundern, so auch im Technischen Museum Wien wo ein schöner Siphonrecorder, der seinerzeit auf der Strecke von Triest nach Korfu in Betrieb war, bewundert werden kann.

6.1: Sprechgalvanometer von Siemens Brothers London

6.2 Undulator von Lauritzen der Großen Nordischen Telegraphenanstalt

7. Das Sammeln von Zubehör

Einleitend sind bereits die zusätzlichen Teile, die zum Aufbau einer Morse-Telegraphenstation notwendig sind, angeführt worden. An erster Stelle sind hier die Morsetasten zu nennen. Es gibt hier die verschiedensten Ausführungsformen und das Sammeln von Morsetasten hat sich inzwischen zu einem eigenen Sammelgebiet entwickelt. Dies vor allem, weil Morsetasten auch für den Amateurfunker bis in die jüngste Zeit ein wichtiges Requisit waren. Als weiteres wichtiges Telegraphen-Instrument muss das Telegraphen-Relais genannt werden. Ein solches setzt den ankommenden schwachen Linienstrom in den für den Telegraphen-Apparat notwendigen starken Arbeitsstrom um. Bekannt ist hier das „Schwanenhals-Relais“, das besonders in Österreich zum Einsatz kam.

Um das erfolgreiche Absenden eines Morsezeichens anzuzeigen dienen Linien-Instrumente. Die älteren davon sind als Magnet-Bussolen ausgeführt, neuere benutzen Drehspulinstrumente. Blitzschutz-Einrichtungen und Batterien sind eher Ausnahmen in einer Sammlung. Betrachtet man auch die Leitung und das Kabel als einen Teil des Zubehörs so gilt es auch Isolatoren sowie Leitungs- und Kabelstücke in die Sammlung aufzunehmen. Wie Morsetasten so sind auch Isolatoren heute ein eigenes Sammelgebiet, das in den USA besonders gepflegt wird. In meiner Sammlung gibt es nur einige wenige Isolatoren. Als besonderes Stück erwähne ich davon einen Isolator des australischen „Overland Telegraph" den ich vor Jahren in einem Museum in Sydney als Geschenk erhielt. Den „Halbmond-Isolator" der ersten österreichischen Telegraphenlinien habe ich nie in der Realität gesehen, geschweige gefunden. Auch das Technische Museum Wien hat ihrer reichen Isolatoren-Sammlung kein Exemplar davon. Neben Isolatoren besteht mit dem Sammeln von Kabelstücken eine weitere Möglichkeit seine Sammlung zu ergänzen. Solche Stücke wurden oft als Geschenke an Kunden oder Mitarbeiter der Kabelfirmen vergeben. Besondere Sammlungsstücke, die man heute noch bekommen kann, sind die Kabelstücke des ersten Transatlantik-Kabels vom Jahre 1858, das leider nach einigen Tagen nicht mehr funktionierte und „abgesoffen" ist. Das in Amerika übriggebliebene letzte Stück des Kabels wurde portioniert und die einzelnen Kabelstücke wurden von dem bekannten New Yorker Juwelier Tiffani als Souvenier verkauft. Von Besonderheit sind Kabelstücke die eingebettet in Samt in Glasvitrinen in den Chefetagen der Kabelfirmen für Kunden als Musterstücke für gelegte Kabel gezeigt wurden. Ich hatte das Glück von meinem Sammlerkollegen „Anton" solche Schaukästen für Kabel die im Jahre 1880 von England nach Norwegen und weiter nach Schweden sowie für Kabel die im Jahre 1906 von den Shetland Inseln nach den Faröer Inseln und weiter nach Island gelegt wurden, für meine Sammlung zu bekommen. Wenn man die Glasdeckel öffnet entströmt ein Duft von Teer aus diesen Stücken von Guttapercha-Kabeln und mit einiger Phantasie wird die alte Zeit der damals über die Meere fahrenden Kabeldampfer, die solche Kabel in den Meeresboden legten, wach.

7.1 Ärmelkanal 1852,1853
Transatalantik-Kabel 1858

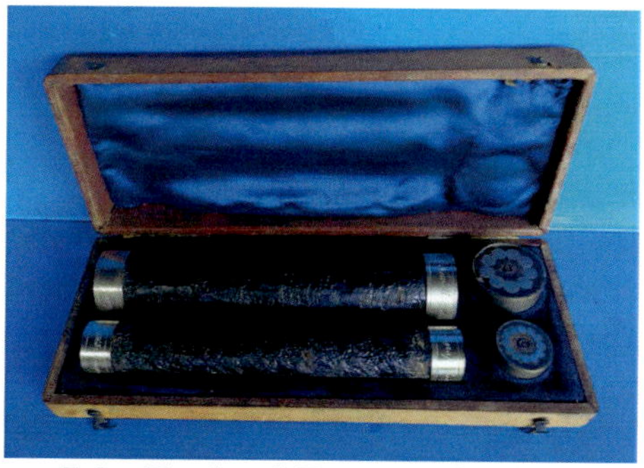

7.2 England-Dänemark 1868

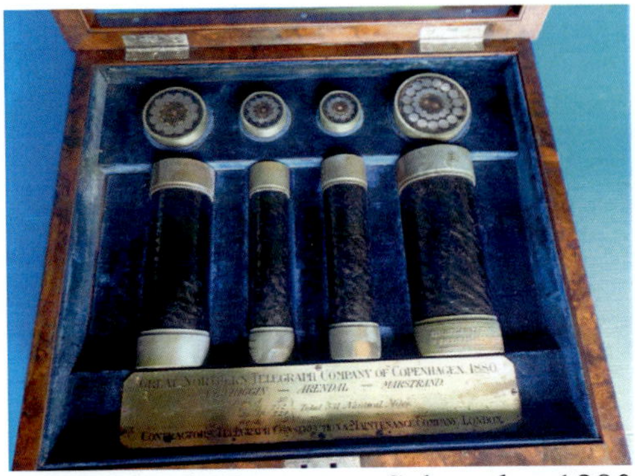

7.3 England-Norwegen-Schweden 1880

7.4 Shetland-Inseln-Faröer-Island 1906

Bilder 7.1 bis 7.4: Seekabel-Musterstücke

Schluss

Der Aufsatz stellt eine Skizze zum Aufbau meiner Sammlung an Morse-Telegraphen-Apparaten dar. Beginnend mit dem ersten Apparat um das Jahr 1880 stieg in den nachfolgenden Jahren die Anzahl auf über vierzig Exemplare. Meine damalige Wohnung war daher gesteckt voll mit diesen Apparaten so dass auch die Stiege zur Schaustellung benutzt wurde. Heute besteht meine Sammlung nur mehr aus etwa zwanzig Apparaten wobei fünf davon bereits zum Verkauf ausgelagert sind. Ich erfreue mich täglich an meiner Sammlung, wobei die Liebe nicht so weit geht, wie dies bei einem meiner Sammlerkollegen der Fall war: „Peter“ hatte sich zum Einschlafen statt einer Lektüre einen schweren Morse-Telegraphen zum liebvollen Betrachten auf die Brust gesetzt und wurde so glücklich schlafend von seiner Frau aufgefunden und von der schweren Last, die „Peter“ vielleicht zu schönen Träumen geführt hat, befreit. Das Sammeln hat bei mir in der Zeit meiner Pensionierung auch zum genaueren Studium der Geschichte der Telegraphie geführt und ich konnte deshalb einige Aufsätze und Schriften dazu verfassen und am Aufbau von Ausstellungen mitwirken. Sammeln hat bekannterweise oft positive Nebenwirkungen. Es heißt auch „Sammler sind glückliche Menschen“. Ich wünsche den Lesern, dass sie bald Gefallen an einem schönen Morse-Telegraphen finden und dieser, wie bei mir dies vor nunmehr vierzig Jahren der Fall war, als erstes Stück der damit beginnenden Sammlung eingegliedert wird. Ich stehe mit Rat und Tat gerne dafür zur Verfügung.

erschienen in „Trödler“ 12/2021

5.2 Historische Seekabel

Keinesfalls sollte dieser Aufsatz die geschätzten Leser zum Sammeln von Seekabeln, die seinerzeit zur Herstellung von elektrischen telegraphischen Verbindungen in die Meere gelegt worden sind, anstiften. Dies wäre vergleichbar mit dem Sammeln von alten Dampflokomotiven oder historischen Flugzeugen und daher eine sehr kostspielige Angelegenheit. Denn die dafür notwendigen Tauchgänge und die Bergung der seit mehr als hundert Jahren am Meeresboden liegenden, von allerlei Meeresbewohnern in Besitz genommenen Kabel, würden ins Geld gehen, abgesehen davon dass sich vielleicht noch Eigentümer melden und dadurch zusätzliche Kosten entstehen würden. Nein, es geht uns hier vielmehr um die Darstellung einer Möglichkeit wie man für den „Hausgebrauch" mit relativ geringem Aufwand eine Sammlung zum Gebiet der Seekabel errichten kann. Dafür wird von mir vorgeschlagen eine Handbibliothek von ausgesuchten Werken zur Geschichte der Seekabel anzulegen und diese mit einigen originalen Exemplaren von Stücken der seinerzeit verlegten Kabel und der zugehörigen elektrischen Apparaten, soweit man überhaupt sich solche heute noch vom Antiquariats- und Antiquitätenhandel beschaffen kann, zu ergänzen.

Eine Voraussetzung für eine solche Sammeltätigkeit ist allerdings, dass man mit der Geschichte der Seekabel und mit deren Einsatz zur elektrischen telegraphischen Übertragung von Schriftzeichen einigermaßen vertraut ist. Dieser Aufsatz soll dafür den Einstieg ermöglichen. Es werden darin zum einen wichtige Meilensteine der Errichtung der Seekabel angeführt zum anderen wird auch auf die vom Verfasser aufgebaute Sammlung von Büchern und elektrischen Apparaten hingewiesen.

Seekabel stellen bis heute einen wichtigen Teil der Infrastruktur des weltweit eingerichteten Kommunikationsnetzes zur Übertragung von Nachrichten dar. Sie verbinden die durch Meere getrennten Landstriche und tragen so wesentlich zur kulturellen und wirtschaftlichen Zusammenarbeit bei. Während vom Jahre 1850 an bis in die jüngste Zeit „Kupferkabel" zur Übertragung der elektrischen Signale verwendet wurden, werden heute, beginnend mit dem Jahr 1970, zunehmend „Glasfaserkabel" zur Übertragung optischer Signale eingesetzt. Da wir unsere Sammlung auf historische Seekabel beschränken wollen, haben im Folgenden nur die Seekabel die mittels eines Kupferdrahtes eine elektrische Verbindung herstellen unser Interesse.

1. Die Legung der ersten Seekabel

Begonnen hat die Legung von Seekabeln im Jahr 1850 als zur Herstellung einer telegraphischen Verbindung über den Ärmelkanal von Dover (England) nach

Calais (Frankreich) von den Brüdern Jakob und John Brett ein 1,8 mm starker isolierter Kupferdraht mit dem Dampfschiff „Goliath“ auf den Meeresboden gelegt wurde. Dieses Kabel funktionierte allerdings nur einige Wochen, offenbar wurde es in Landnähe von den Ankern der Fischerboote zerstört. Bereits im Jahre 1851 wurde jedoch von den Brüdern Brett von der englischen Firma Newell & Co ein mit 10 Strahldrähten armiertes mit vier Kupferadern versehenes Kabel über den Kanal gelegt, womit eine dauerhafte telegraphische Verbindung zwischen Dover und Calais geschaffen wurde. Die positive Erfahrung mit diesem Kabel führte in der Folge zu einer Reihe weiterer Kabellegungen. So wurden im Jahre 1853 Kabel von England nach Irland, Belgien und Holland gelegt. Diesen folgten in den darauffolgenden Jahren Kabel zu den Inseln im Mittelmeer, so von Piemont nach Korsika, von Italien nach Sizilien, Sardinien, nach Korfu und Malta und von dort weiter nach Ägypten und auch in die griechische Insel Archipel.

(1) Kabellegung mit der „Goliath“ 1851

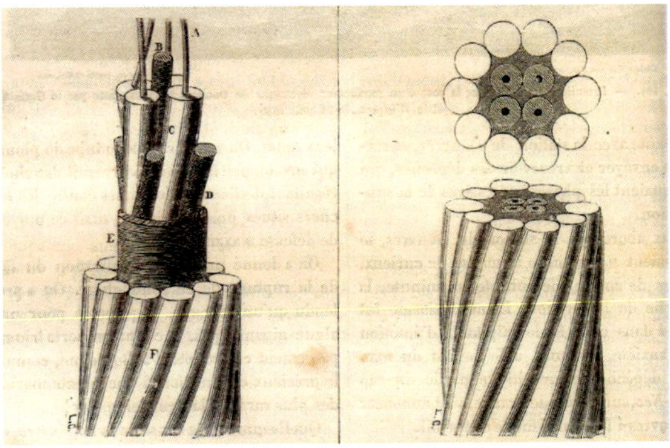

(2) Kabel Dover-Calais 1851

2. Transatlantik Kabel

Mit diesen Erfolgen entstand auch die Idee zur Legung eines Kabels über den Atlantik. Zur Frage ob ein solches wegen der dafür notwendigen Länge von über 3500 km überhaupt funktionieren würde gab es Zweifel. Es war der Initiative des New Yorker Kaufmannes Cyrus Field zu verdanken, dass es dennoch zur Legung eines Atlantikkabels kam. Cyrus Field brachte dafür das notwendige Aktienkapital zusammen und konnte in England die im Jahre 1854 neu gegründete Firma Elliot & Co für die Erzeugung des Kabels gewinnen. Als kürzeste Verbindung sollte von der Irland vorgelagerten Insel Valentia das Kabel zur kanadischen Insel Neufundland gelegt werden. Diese Verbindung hatte den Vorteil, dass der Atlantik dort keine großen Untiefen hat. Für die Legung stellte die englische Royal Navy das Segelschiff „Agamemnon“ und die amerikanische Marine das Dampfschiff „Niagara“ zur Verfügung. Im August 1857 begann die Legung von Valentia aus durch die „Agamemnon“. Bereits nach 380 Seemeilen riss, verursacht durch einen Bremsfehler, das Kabel und versank unauffindbar im Atlantik. Der unmittelbar darauffolgende zweite Anlauf im Jahre 1858 gelang jedoch. Europa und Amerika waren somit vom 5. August des Jahres 1858 an durch ein 3.745 km langes einadriges Kupferkabel telegraphisch miteinander verbunden. In London und besonders in New York wurde dies groß gefeiert. Königin Viktoria und der amerikanische Präsident Buchanan tauschten über das Kabel auf telegraphischem Wege Grußbotschaften aus. Leider hielt jedoch die Freude nicht lange. Nach und nach wurden die Signale schwächer und blieben schließlich am 18. September ganz aus. Das Kabel war „abgesoffen". Der Ruf von Cyrus Field, gerade noch als Held verglichen mit Kolumbus groß gefeiert, war zerstört.

Es dauerte ganze acht Jahre bis erneut die Legung eines Kabels über den Atlantik in Angriff genommen wurde und es war wieder Cyrus Field, der die Initiative dafür übernahm. Als Legeschiff konnte nun dafür das damals größte Dampfschiff, die „Great Eastern" eingesetzt werden. Am 27. Juli 1866 wurde Neufundland erreicht und das Kabel erfolgreich in Betrieb genommen werden. Kein geringerer als Stefan Zweig hat in seinem Buch „Sternstunden der Menschheit" mit der Miniatur „Das erste Wort über den Ozean" der erfolgreichen Legung des Atlantikkabels ein bleibendes literarisches Denkmal gesetzt.

(3) Dampfschiff „Great Eastern", Legung des Transatlantik Kabels 1866

3. Seekabel

Nach diesen Ausführungen zu der Legung der ersten elektrischen Telegraphiekabel in die Meere soll nun auf die Seekabel der damaligen Zeit selbst eingegangen werden. Ein solches Kabel bestand in der Regel aus einer isolierten Kupferlitze bestehend aus mehreren Kupferdrähten. Als Isolationsmaterial hatte man den Naturkautschuk „Guttapercha“ entdeckt, der aus dem Milchsaft bestimmter tropischer Bäume aus dem „Großen Indischen Archipel“ (Sumatra, Borneo und weitere Insel) gewonnen werden konnte. Werner von Siemens hatte bereits im Jahre 1846 Guttapercha als Isolationsmaterial für Erdkabel vorgeschlagen. Guttapercha hat den Vorteil bei Erwärmung weich zu werden und kann dann leicht als Hülle um einen Kupferdraht gepresst werden. Zum Schutz gegen äußere Einwirkung, aber auch zur Erhöhung der Tragfähigkeit für die Überspannung von Klüften des Meeresbodens, wird der isolierte Kupferdraht mit Eisen- oder Stahldrähten umwickelt sodass ein Seil entsteht. In Küstennähe wird diese Bewehrung auch öfters doppelt ausgeführt. Als Rostschutz erhält das Kabel noch eine Umwicklung von teergetränkter Jute.

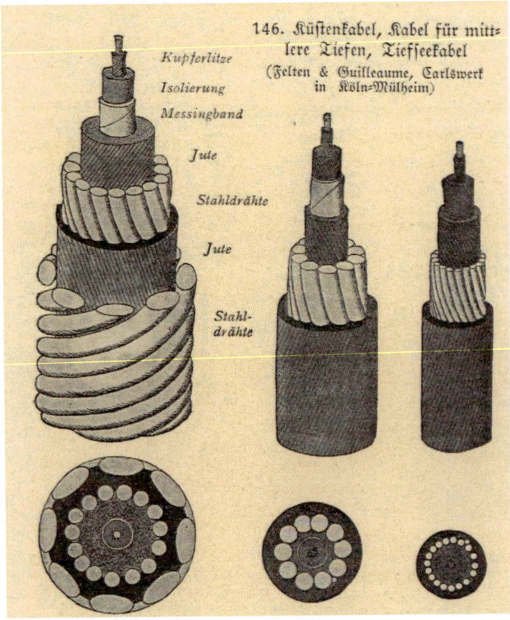

(4) Aufbau eines Seekabels

4. Seekabel-Sammlungen

Als Sammler schätzt man sich glücklich wenn man ein kurzes Stück eines historischen Seekabels erhalten kann. Solche sind in der Vergangenheit öfters als Schaustücke zu Werbezwecken von den Kabelfirmen angefertigt worden. Manchmal wurden einzelne Stücke auch zur Erinnerung an eine erfolgte Kabellegung zum Kauf angeboten. Zum Beispiel hat die bis heute bekannte Firma Tiffany, New York, den Rest des Atlantikkabels vom Jahre 1858 als Souvenir-Stücke an das Publikum verkauft.

(5) Transatlantikkabel 1858

(6) England-Belgien 1853

(7) England-Holland 1853

In der Sammlung des Verfassers befinden sich zwei Exemplare von Schaukästen, in denen hinter Glas verschiedene Stücke von bereits gelegten Seekabeln zu Werbezwecken präsentiert werden.

(8) England-Norwegen-Schweden 1880

(9) Shetland-Faröer-Island 1906

Neben solchen Stücken von historischen Seekabeln sollte man als Sammler auch versuchen zugehörige elektrische Apparate, die zum Senden und zum Empfangen des Morsecodes eingesetzt waren, zu bekommen. Neben der erforderlichen elektrischen Batterie war die Morsetaste ein wichtiges Instrument zum Senden. Für lange Seekabel wurde dafür eine Doppeltaste eingesetzt, mit der die polarisierten Zeichen gesendet werden konnten. Als Empfänger mussten bei langen Seekabeln empfindliche Instrumente, die in der Lage waren, die in „Kabelschrift“ ankommenden schwachen Signale zu registrieren. Der von Professor William Thomson, dem späteren Lord Kelvin, erfundene Siphonrecorder war dafür das beste Instrument.

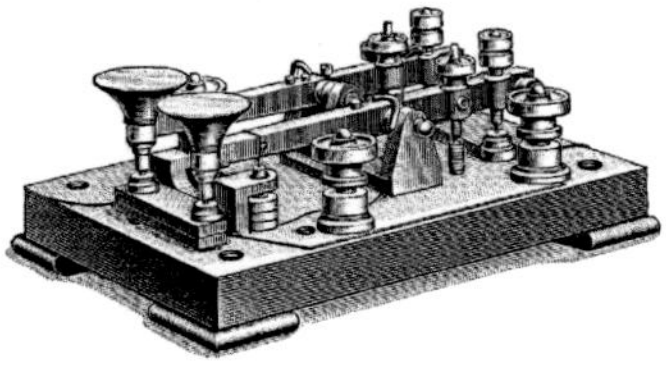

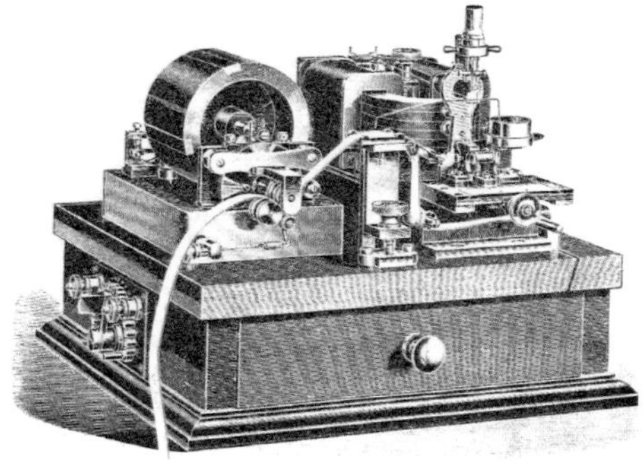

(10) Seekabel-Doppeltaste (11) Siphon-Recorder für mittlere Entfernungen

5. Aufbau des Weltkabelnetzes

Der Erfolg der Legung von Seekabeln im Atlantik und in den europäischen Meeren ermutigte den Aufbau eines weltumspannenden Netzes. Anzuführen ist hier vor allem der Anschluss von Australien von Indonesien aus (1871), der Anschluss und Umrundung von Südamerika (1873-1876) sowie die Legung der Kabel in Mittelamerika und in der Karibik (1870-1880) und auch die Umrundung von Afrika (1885-1890). Als wichtigste Kabelgesellschaft am Ende des 19. Jahrhunderts kann die im Jahre 1898 gegründete britische Firma „The Eastern and Associated Telegraph Co.“ genannt werden. Die Erzeugung und Instandhaltung der Kabel lag größtenteils in den Händen der englischen Firma „Telegraph Construction and Maintenance Company“ (TC&M). Als wichtiger zentraler Ausgangspunkt der Kabel galt die Bucht von Porthcurno in Cornwall. Das internationale Geschäft mit Seekabeln lag also damals fast gänzlich in britischer Hand.

(12) Bucht von Porthcurno in Cornwall

(13) Seekabel in Porthcurno 1991

Eine besondere Herausforderung stellte die Legung der Pazifik-Kabel im Jahre 1902 dar. Vom Pacific Cable Board, ein Zusammenschluss von England, Kanada und Australien, wurde im Jahre 1902 von Vancouver (Kanada) aus das „allbritische Kabel" nach Brisbane (Australien) und nach Auckland (Neuseeland) gelegt. Das Kabel, das von der Firma TC&M erzeugt und gelegt wurde, hatte eine Gesamtlänge von 6.415 km. Das „amerikanisches Kabel" vom Jahre 1902/03 der „Comnmercial Pacific Cable Company" führte von San Franzisko (USA) nach Honolulu (Hawai) und weiter nach Guam (Inselgruppe Marianen). Beide Kabel überquerten die Datumsgrenze, sodass etwa ein von Brisbane (Australien) nach Vancouver (Kanada) aufgegebenes Telegramm dort am Vortrag eintraf.

Neben England waren natürlich auch die skandinavischen Länder an der Legung von Seekabeln interessiert. Im Jahre 1869 wurde deshalb die „Große Nordische Telegraphengesellschaft" (GNT) mit Sitz in Kopenhagen gegründet. Ebenso war man in Deutschland bemüht, die an der Nord- und Ostsee liegenden Inseln an das Festland telegraphisch anzuschließen. Ein weiteres Interesse bestand in Deutschland an einer direkten Verbindung nach Amerika sowie zu den damals bestehenden deutschen Kolonien im Pazifik (Inselgruppe der Karolinen) und von dort nach China (Shanghai). Nach Gründung der „Deutsch-Atlantischen Telegraphengesellschaft" (DAT) konnte im Jahre 1900 von Emden (Deutschland) zur Stadt Horta auf der Azoreninsel Fayal ein Kabel gelegt werden. Von dort ging es in Kooperation mit der amerikanischen „Commercial Cable Co" weiter nach Coney Island bei New York (USA). Diesem „1. Azorenkabel" folgte im Jahre 1904 das „2.Azorenkabel". Während das 1. Azorenkabel noch von der englischen Firma TC&M erzeugt und verlegt wurde, konnte das 2. Azorenkabel von den im Jahre 1899 neu gegründeten „Norddeutschen Seekabelwerken" (NSW) erzeugt und mit dem deutschen Kabeldampfer „Stephan" verlegt werden. Beide Azorenkabel gingen im Ersten Weltkrieg an die Siegermächte verloren. Erst im Jahre 1926 konnte wieder von

Deutschland aus die telegraphische Verbindung mit Amerika hergestellt werden. Dieses 3. Azorenkabel hatte zur Erhöhung der Induktivität bereits eine Permalloy Umwicklung und erlaubte so eine höhere Telegraphie-Rate. Es wurde wieder von NSW erzeugt. Die Legung erfolgte mit dem deutschen Kabeldampfer „Neptun“.

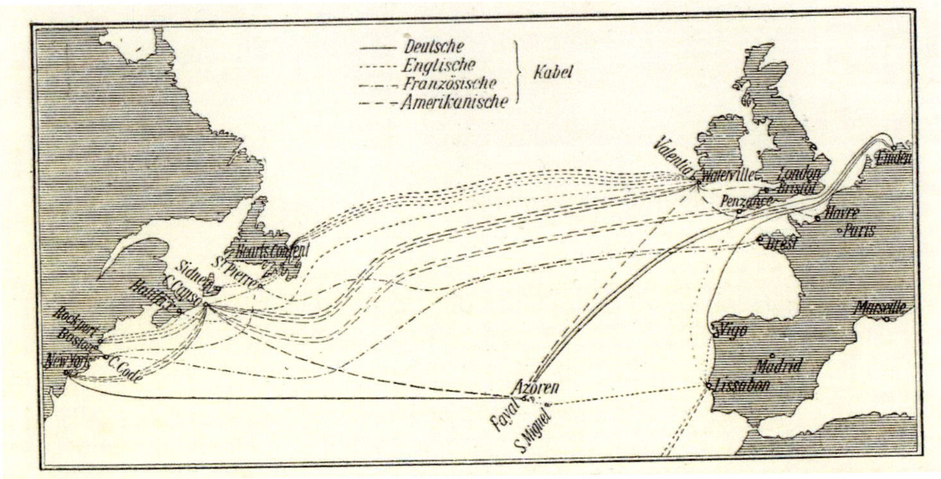

(14) Atlantikkabel um 1900

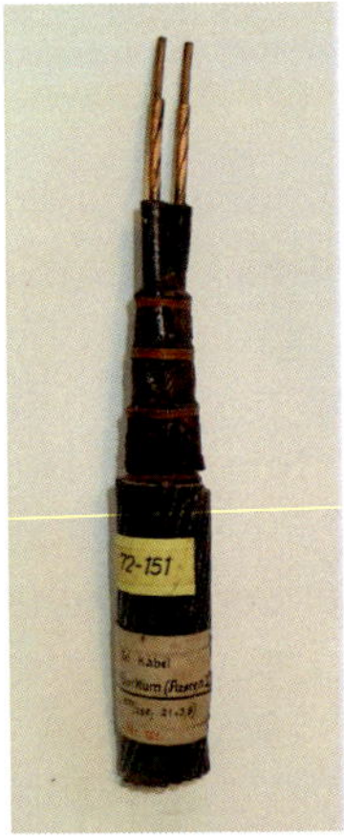

(15) 1.Azorenkabel (16) 2. Azorenkabel (17) 3. Azorenkabel

(18) Norddeutsche Seekabel Werke in Nordenham (Bremerhaven)

Um eine telegraphische Verbindung zu den damals deutschen Kolonien der Inselgruppe der Karolinen im Pazifik, zu erreichen, wurde im Jahre 1904 die „Deutsch-Niederländische Telegraphengesellschaft" gegründet. Ziel war ein Seekabel von Menado (Celebes) zur Insel Yap (Karolinen) und von dort nach Shanghai (China) und nach Guam (Marianen) zu legen. Bereits im Jahre 1905 konnte das von NSW erzeugte und mit dem Kabeldampfer „Stephan" gelegte Kabel in Betrieb genommen werden. Bis heute kann die damals auf Yap errichtete Telegramm-Zentrale von Touristen besucht werden.

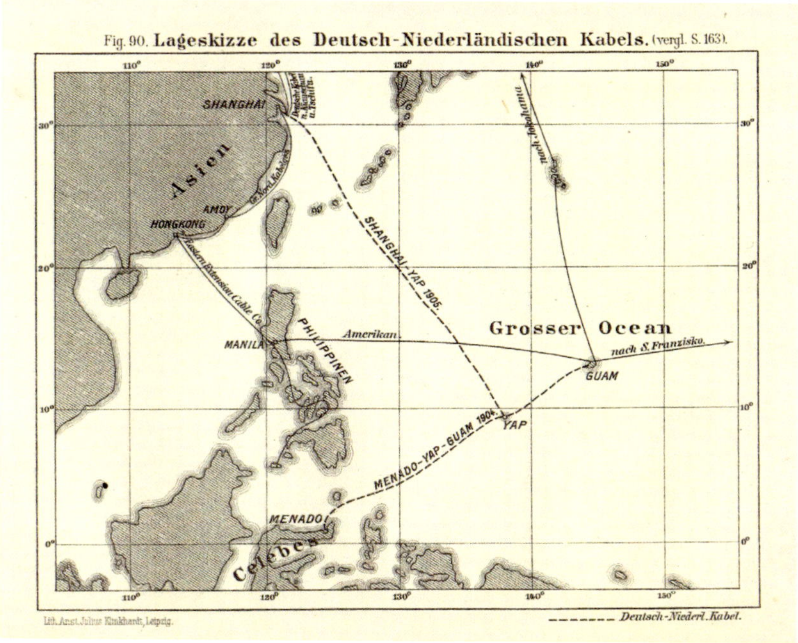

(19) Seekabel für die Insel Yap (Karolinen)

(20) Bewohner der Insel Yap besuchen den Kabeldampfer „Stephan“

6. Bücher und Seekabelstücke für die Sammlung

Unser Aufsatz behandelte den Aufbau der Seekabelnetze für Telegraphie in der zweiten Hälfte des 19. Jahrhunderts. Zum Aufbau einer Sammlung soll deshalb hier nur auf Bücher, die zu diesem Zeitraum gehören, hingewiesen werden. Teilweise sind diese im Handel allerdings oft nur mehr als Faksimile-Ausgaben erhältlich. Als wichtiges Werk zur Legung der ersten Atlantikkabel gilt das Buch von W.H. Russel „The Atlantic Telegraph“ erschienen in London 1866. Zahlreiche in das Buch eingebundene Farblithographien informieren über die Legung und die dabei aufgetretenen Probleme. Dieses Buch behandelt sowohl das Kabel von 1858 als auch im Besonderen das vom Jahre 1866. Auch das von Henry M. Field, einem Sohn von Cyrus Field, verfasste Buch „History of the Atlantic Telegraph“, New York 1866 und das Werk von Dr. H. Schellen „Das atlantische Kabel“ , Braunschweig 1867, sollen hier genannt werden. Als umfangreiches Standardwerk zu den Seekabeln und zum Aufbau eines weltweiten Netzes muss auf Charles Bright „Submarine Telegraphs“, London 1898, hingewiesen werden. Die Bücher von H.Thurn „Die Seekabel unter besonderer Berücksichtigung der deutschen Seekabeltelegraphie“, Verlag von S. Hirzel, Leipzig 1909, sowie von O. Moll „Die Unterseekabel in Wort und Bild“, Cöln 1904, können als weitere wichtige Bücher für die Sammlung angeführt werden.

Schwieriger als der Erwerb von Büchern ist es Seekabel-Stücke und elektrische telegraphische Instrumente, die an beiden Enden eines Seekabels angeschlossen wurden, für eine Sammlung zu erhalten. Am leichtesten scheint noch der Erwerb eines der Souvenir-Stücke, die von Tiffany zum Atlantikkabel vom Jahre 1858 seinerzeit verkauft wurden, zu erhalten. Im Antiquitätenhandel werden aber auch hin und wieder Baumuster von Seekabeln angeboten. Der Verfasser hatte Gelegenheit eine erhaltene umfangreiche Sammlung von Seekabel-Stücken, die von NSW erzeugt wurden, zu ordnen und damit zu deren Ankauf durch das Deutsche Technik Museum Berlin (DTMB) beitragen zu können. Das DTMB besitzt daher eine umfangreiche Sammlung von Musterstücken der Seekabel zu den Inseln in der Nord- und Ostsee und ist damit auch in der Lage einen Beitrag zur Geschichte der Norddeutschen Seekabel Werke zu leisten. Heute werden dort unter amerikanischer Führung Glasfaserkabel erzeugt. Telegraphische Endgeräte für Seekabel, wie Morsetasten und Morseempfänger, können am ehesten auf speziellen Sammlermärkten und bei Sammlern von elektrischen Geräten gefunden werden.

Schriftenhinweis:

Franz Pichler: Telegraphie durch die Meere. Trauner Verlag, Linz 2018.

erschienen in „Trödler“ 01/02/2025

5.3 Automatisierung der Telephonvermittlung

Das Telefon, erfunden im Jahre 1876 in Amerika von Graham Bell, entwickelte sich sehr rasch zu einem unentbehrlichen Gerät der Kommunikation. Schon bald war es notwendig in den größeren Städten für die Vermittlung der einzelnen Gespräche Zentralen einzurichten. In den ersten Jahren geschah dies mittels spezieller Vermittlungsschränke an denen die einzelnen Teilnehmer elektrisch angeschlossen waren und vom „Fräulein vom Amt“ mittels Kabel, den Verbindungsschnüren, miteinander verbunden wurden. Diese Handvermittlungen arbeiteten durchaus effektiv und zuverlässig. Mit dem Wachsen der Größe der Telephonnetze stieg jedoch auch die Zahl des zur Vermittlung nötigen Personals. Zur Senkung der Personalkosten wurde deshalb von den Telefongesellschaften eine Automatisierung angestrebt, die jedem Teilnehmer erlauben sollte, die gewünschte Gesprächsverbindung selbst herzustellen. Als Technologie dafür bot sich in dieser Zeit dafür die Elektromechanik an. Der Aufsatz beleuchtet die Geschichte der Erfindung und Entwicklung der damit ab dem Ende des 19. Jahrhunderts in Deutschland und in Österreich geschaffenen automatischen elektro-mechanischen Telephonvermittlungen. Am Schluss wird,

dem Anliegen dieser Zeitschrift entsprechend, auf die Möglichkeit einer Sammeltätigkeit zu diesem Gebiet hingewiesen.
Heute geschieht die Telefonvermittlung mit elektronischen Mitteln. Das nunmehr damit weltweit eingerichtete öffentliche Telefonnetz, das in Kooperation von den verschiedenen Ländern eingerichtet wurde, erlaubt jedem daran angeschlossenen Teilnehmer selbstständig Verbindungen herzustellen. Das Telefon als öffentlich benutzbares Kommunikationsmedium hat heute jedoch eine starke Konkurrenz erhalten. Das inzwischen entstandene Internet erlaubt privaten Konzernen die Einrichtung von neuen Systemen der Kommunikation, mit denen in anonymer Weise weitgehend kostenlos telefoniert und auch schriftliche Nachrichten und Bilder ausgetauscht werden können. Wir erfahren aber heute, dass diese Systeme für unsere Gesellschaft auch oft schädlich sind. Der Verfasser hält sich deshalb, solange dies noch geht, von der Benützung dieser Systeme zurück.

1. Die Erfindung der automatischen Vermittlung durch Strowger

Dem Amerikaner Almon B. Strowger (1839- 1902), einem Leichenbestatter aus Kansas City, gebührt der Ruhm der Erfindung eines Vermittlungssystems das kein „Fräulein vom Amt“ mehr benötigt. Es wird berichtet, dass Strowger mit den Beamtinnen in der Zentrale nicht zufrieden war, und dadurch zum Erfinder wurde. Er wollte diese durch ein elektromechanisches System ersetzen. Dies führte ihn zur Konstruktion einer automatischen Vermittlung, bei dem jeder Teilnehmer selbst die Verbindung von zuhause aus herstellen kann. Strowger reichte dazu im Jahre 1889 das US Patent No. 447,918 ein, das schließlich im Jahr 1891 erteilt wurde. In diesem Jahr gründete Strowger auch die Firma „Strowger Automatic Telephone Exchange“ und konnte auf der Grundlage seines Patentes in La Porte, Illinois, ein automatisches elektromechanisches Vermittlungsamt einrichten, das bereits im November 1892 in Betrieb ging. Diese automatische Vermittlung, obwohl deren Funktion als nicht befriedigend angesehen wurde, gilt als das erste Amt des Strowger Systems. Für Strowger, der keine besonderen technischen Fähigkeiten hatte, war es ein Glück, dass im Jahre 1892 Alexander E. Keith in seine Firma eingetreten war. Keith wurde zu einem wichtigen Mitarbeiter. Zwei Jahre später traten auch die Brüder John und Charles J. Erickson in die Firma ein. Zusammen mit Keith führten diese für die „Strowger Automatic Telephone Exchange“ erfolgreich die Weiterentwicklung des Systems durch. Als Resultat entstand die uns heute bekannte Form des Strowger Wählers. Auch die dafür notwendige Wählscheibe wurde mit einem Patent vom Jahre 1896 eingeführt.

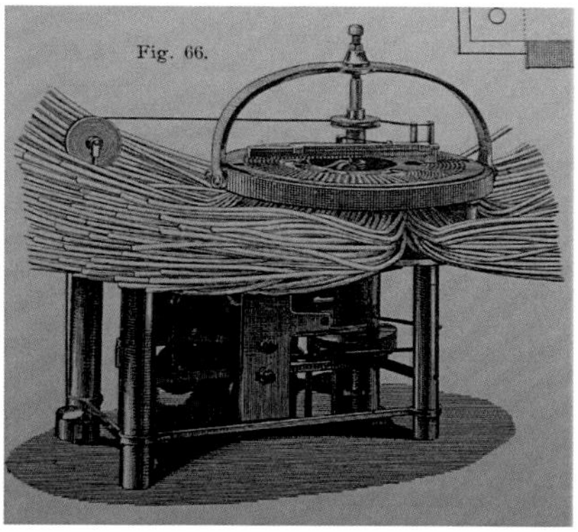

(1) Strowger- Drehwähler des Amtes von La Porte

Im Jahre 1901 ging die Firma von Strowger in die „Automatic Electric Company" über, eine Firma die bis zum Jahre 1936 Komponenten des Strowger Systems erzeugte. Neben kleineren „Strowger-Zentralen" von bis zu 1000 Teilnehmern, wurden in den Jahren von 1900 bis 1903 in den USA auch große Zentralen erfolgreich in Betrieb genommen, so jeweils eine 10.000´er Zentralen in New Bedford, in Fall River, Mass. und in Chicago. Wie in diesem Beitrag gezeigt werden soll wurde das Strowger System auch in Europa, da besonders in Deutschland und in Österreich, erfolgreich eingesetzt.

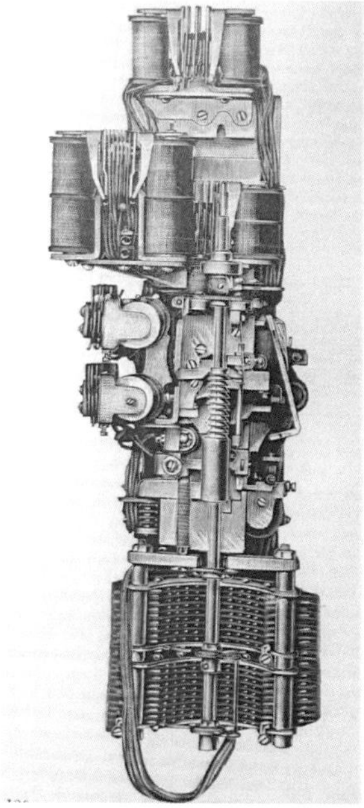

(2) Strowger Wähler
„Automatic Electric Co"

(3) Wandapparat
„Automatic Electric Co"

2. Automatische Vermittlungen in Deutschland und Österreich

Die deutsche Reichspost hatte im Jahre 1898 die Gelegenheit in London eine Ausstellung in der das automatische Telephonsystem von Strowger vorgestellt wurde, zu besuchen. In der Folge wurde der Plan gefasst in Berlin ein Versuchsamt für 400 Teilnehmer zu errichten. Dieses konnte bereits im Jahre 1900 in Betrieb gehen. Obwohl die Ergebnisse mit diesem System zeigten, dass technische Verbesserungen notwendig waren war die deutsche Reichspost an der Weiterführung der Versuche interessiert. Bereits im Jahre 1906 wurde deshalb in Berlin eine automatische Vermittlung für die maximale Zahl von 10.000 Teilnehmern errichtet und in Betrieb genommen. Als Versuchsamt erfolgte der praktische Betrieb jedoch nur für etwa 100 Teilnehmer. Eine Integration in das bestehende Telephonnetz war dabei nicht vorgesehen. Man war jedoch der Auffassung, dass die Errichtung eines automatischen Vermittlungsamtes, das in den öffentlichen Telephonverkehr integriert werden konnte, verfolgt werden sollte. Im Jahre 1905 wurde deshalb von der Reichspost ein Konsortium bestehend aus der Firma Loewe & Co, Berlin, bei der die amerikanischen Patentrechte für das Strowger System lagen und der Deutschen Waffen- und Munitionsfabrik Karlsruhe, die für die technische Fertigung die Zuständigkeit hatte, der Auftrag erteilt, in Hildesheim ein automatisches Vermittlungsamt nach amerikanischem Muster einzurichten. Im Jahre 1908 konnte so als erste öffentliche automatische Telephonvermittlung in Europa das Amt Hildesheim in Betrieb gehen. Eine Integration in das bereits bestehende Telephonnetz wurde jedoch zunächst noch nicht durchgeführt. Die ersten Tage des Betriebes waren nicht reibungslos. Der Ansturm auf die Herstellung von Verbindungen führte zu Stromausfällen, da die die Stromleitungen von der Batterie zu den Wählern überlastet waren. Der Betrieb gestaltete sich jedoch als erfolgreich und bereits im Jahre 1912 wurde das Amt Hildesheim erweitert sodass eine größere Zahl von Teilnehmern angeschlossen werden konnte.

(4) Wählamt Hildesheim mit Strowgerwähler, 1908

Weitere Erweiterungen erfolgten später in der Zeit des Ersten Weltkrieges. Im Jahre 1924 wurde schließlich das Amt Hildesheim durch eine neue Anlage ersetzt. Die technische Weiterentwicklung der automatischen Vermittlungen in Deutschland wurde von der deutschen Reichspost der Firma Siemens & Halske übertragen. Diese wiederum richtete mit anderen deutschen Firmen, so z.B. mit der Firma Mix & Genest eine Partnerschaft ein.

Der Strowgerwähler der amerikanischen Firma Automatic Electric Company, der im Amt Hildesheim eingesetzt wurde, benötigte für das Heben, Drehen und zur Steuerung der Rückführung der Schaltarme vier Elektromagnete. Diese erforderten einen großen Platzbedarf und erschwerten durch ihre Anordnung auch die Wartung. Von Siemens & Halske wurde deshalb ein Strowgerwähler der nur drei Elektromagnete benötigte, erzeugt. Die Steuerung und weitere Schaltfunktionen wurden durch Relais in einem eigenen zugehörigen Relaissatz durchgeführt. Auch die Partnerfirma Mix & Genest Stuttgart erzeugte eine verbesserte Version des amerikanischen Strowgerwählers, ebenso die österreichische Firma Siemens & Halske Wien, dem österreichischen Vertreter des Siemens Konzerns, die dafür den vom österreichischen Post- und

Telegraphenbeamten Gottlieb Dietl erfundenen Wähler („Dietl Wähler“) mit zugehörigem Relaissatz einsetzte.

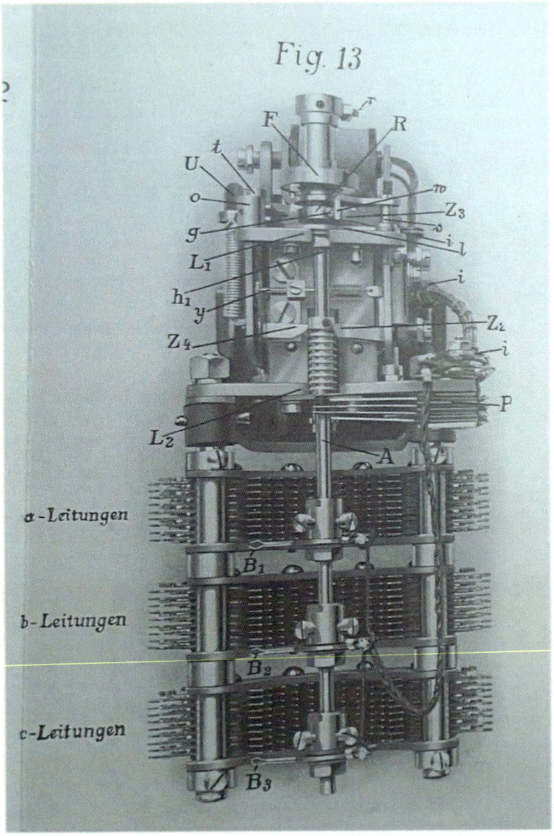

(5) Strowger Wähler
Mix und Genest

(6) Strowger Wähler
„System Dietl“, S&H Wien

In Österreich wurde im Jahre 1910 in Graz eine automatische Telephonvermittlung für 2000 Teilnehmer nach dem „System Dietl“ eingeschaltet. Statt der in den amerikanischen Vermittlungen und auch in Hildesheim verwendeten Wahlscheibe wurde im Grazer System die gewünschte Rufnummer mittels an den Apparaten befindlichen Stellhebeln durchgeführt. Ein Grund für diese besondere Konstruktion waren die hohen Patentgebühren für die Verwendung der bei den amerikanischen Systemen eingesetzten Wahlscheibe. In Wien wurde die Vermittlung mittels des „System Dietl“ halbautomatisch durchgeführt. Die Nummer des gewünschten Teilnehmers wurde einer Vermittlungsbeamtin mitgeteilt. Anschließend führte diese über die automatische Vermittlung die Wahl mittels eine speziellen Wählmaschine durch und stellte damit die Verbindung her. Der Vorteil war, dass die bereits vorhandenen Teilnehmerapparate, die an die bisherige Handvermittlung angeschlossen waren, weiterhin verwendet werden konnten. In Österreich wurden die nach dem „System Dietls" gebauten Vermittlungsämter im Zweiten Weltkrieg zerstört.

(7) Vermittlungsamt mit „System Dietl" in der Afrikanergasse, Wien 1912

Ein Kennzeichen aller dieser Strowgerwähler ist, dass die Schaltarme nach der Steuerung auf einen gewünschten Kontaktplatz bei der Auslösung des Wählers am Schluss einer Verbindung wieder den gleichen Weg zurückgehen. Dies bedeutete eine ungleiche Abnützung der Kontaktbank. Von Siemens & Halske wurde deshalb bereits im Jahre 1926 und später in verbesserter und verkleinerter Form im Jahre 1927 ein Wähler entwickelt, dessen Schaltarme bei Auslösung die Drehbewegung fortsetzen und dann durch Abfallen und anschließend durch Federkraft wieder in ihre Ausgangslage zurückkehren. Die Schaltarme beschreiben so einen Weg im Viereck. Die von Siemens & Halske und den Partnerfirmen nach dem Jahre 1927 erzeugten automatischen Vermittlungsämter so auch das in Österreich im Jahre 1948 entwickelte Wählsystem , benutzten diesen Viereckwähler zusammen mit dem erforderlichen Relaissatz.

(8) Viereckwähler mit Relaissatz im österreichischen Wählsystem 48

(9) Wählamt 48 im Telegraphenmuseum Stegersbach

3. Weiterentwicklung der Vermittlungstechnik

Der Fortschritt der Elektronik und der Computertechnik machte sich ab den 1970´er Jahren auch in der automatischen Vermittlungstechnik bemerkbar. In Deutschland und auch in Österreich wurden nun Vermittlungsämter bei denen alle bisherigen Relaisschaltungen durch elektronische Steuerungen ersetzt waren, in Betrieb genommen. Für die Durchschaltung zu dem gewünschten angewählten Teilnehmer wurden jedoch Koppelfelder bestehend aus dem von Siemens & Halske entwickelten Edelmetall Schnellkontakt Relais (ESK Relais) eingesetzt.

(10) Wählamt 48 ESK Telekom Museum Ried

Neben den Vermittlungssystemen, bei denen dem Beispiel des amerikanischen Strowger System folgend, „step by step" die einzelnen gewählten Ziffern die einzelnen Wähler steuerten und so die Verbindung herstellten („direkte Vermittlungen") gab es auch Vermittlungen, bei denen zuerst die gewählte Rufnummer abgespeichert wurde und anschließend damit eine Verbindung zum gewünschten Teilnehmer hergestellt wurde („indirekte Vermittlungen"). Dazu gehören die Vermittlungen mit Koordinatenschalter, wie diese in Deutschland von der Firma Standard Elektrik Lorenz (SEL) in Stuttgart Zuffenhausen hergestellt wurden und in Deutschland wie auch in Österreich von den 1950´er Jahren an eingesetzt wurden. In den USA wurde von Beginn weg den indirekten Systemen der Vorzug gegeben. „Crossbar-Systeme" auf der Basis von Koordinatenschaltern waren hier führend.

(11) Koordinatenschalter Nebenstellen Vermittlung von ITT

(12) Amerikanische Crossbar- Vermittlung

Alle hier vorgestellten Vermittlungssysteme setzten die Elektromechanik ein. Wie wir gesehen haben werden in den Wählern die Schaltarme, die die gewünschte Verbindung herstellen, mittels Elektromagnete bewegt, ebenso werden die Kontakte der Relais, mit denen Schaltungen durchgeführt werden, elektromagnetisch bewegt. Mit der Entwicklung der Halbleiterelektronik, besonders mit der Mikroelektronik und der Mikroprozessortechnik, gelang es jedoch, neben der Steuerung auch die gewünschten Sprechverbindungen rein mit elektronischen Mitteln herzustellen. Während die bisherigen elektromechanischen Systeme das Verbinden der Teilnehmer rein galvanisch im „Sprechwegenetz" mittels Kupferdrähten herstellten (man spricht hier von „Raumteilung") funktionieren die elektronischen Vermittlungen mittels „Zeitteilung". Die zu verbindenden Sprachsignale der jeweiligen Teilnehmer bekommen im Sprechwegenetzwerk gleiche Zeitschlitze zugeteilt, über die nach Abtastung die Verbindung hergestellt wird. Während in den ersten Jahren solche „PCM Vermittlungen", wie das Bild der österreichischen elektronischen Vermittlung OES-D zeigt, noch von einer Größe der früheren elektromechanischen Vermittlungen waren, benötigen diese heute, bedingt durch den Fortschritt im Bau von Mikroprozessoren und Speicher, relativ wenig Raum.

(13) Elektronische Vermittlung OES-D, Wien Schillerplatz

5. Sammeln im Bereich der „Vermittlungstechnik“

Spätestens an dieser Stelle wird der Leser an den Verfasser folgende Frage stellen: Ist dieser Aufsatz überhaupt zur Aufnahme in ein für Sammler gemachtes Journal geeignet? Diese Frage ist mehr als berechtigt. Der Verfasser will versuchen eine positive Antwort dafür zu geben. Im Prinzip hatte in den vergangenen Jahren ein Sammler sogar die Chance eine ganze Telephonvermittlung der elektromechanischen Bauart gegen Bezahlung des Abbaus, des Transports um den Alteisenpreis oder auch gratis zu bekommen. Der Verfasser kennt persönlich einen Sammler, der drei Vermittlungen der ehemaligen Österreichischen Post- und Telegraphenverwaltung (ÖPT) sein eigen nennt und auch in Betrieb hält. Aber dies ist als eine Ausnahme zu betrachten. Heute muss man sich begnügen einzelne Bausteine und Baugruppen von Vermittlungssystemen zu sammeln. Eine solche Sammlung wurde über die Jahre vom Verfasser aufgebaut. Heute ist diese Sammlung wegen Raummangel weitgehend aufgelöst. Einige Stücke haben sich aber erhalten und können hier dem Leser gezeigt werden. Es sind dies:

(1) Rechteckwähler mit Relaissatz aus dem Wählsystem 48 der ÖPT (Bild 8)
(2) ESK Matrix von Siemens & Halske als Lehrmittel (Bild 14)
(3) Mini-Koordinatenschalter von Alcatel (Bild 15)
(4) Zählmagnet 53 von SEL für eine Koordinatenschalter-Vermittlung (Bild 16)
(5) Impulswiederholer von Siemens & Halske des österr. Fernwahlsystems 51 (Bild 17)
(6) Wählscheibe für die Stadt Wien (Bild 18 und 19)

Leider ist es hier nicht möglich genauer auf diese Bausteine einzugehen. Für einen Beweis, dass die „Automatische Telephonvermittlung“ ein Sammelgebiet ist, könnten diese jedoch gelten.

Bild 14

Bild 15

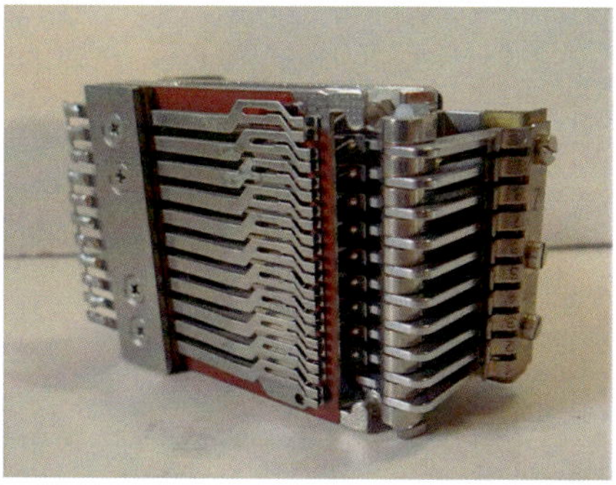

(16) Zählmagnet 53

(17) Impulswiederholer

(18) Wählscheibe für Wien

(19) Wählscheibe Innen

Ein weiteres Gerät meiner Sammlung zum Thema „Automatische Telephonvermittlung“ ist mit einem schulischen Lehrmittel zur Demonstration des Prinzips eines Wählamtes gegeben. Es enthält einen Dietl-Wähler zusammen mit einem zugehörigen Relaissatz. Über Buchsen kann man eine Gleichstrom-Stromversorgung mit 60 Volt Spannung und einen Telephonapparat mit Wählscheibe anschließen mit dem man den Wähler steuern kann. Das Gerät stammt aus der Zeit nach 1945 und war offenbar für den Unterricht an österreichischen Schulen gedacht.

(20) Gerät zur Demonstration der automatischen Vermittlung

Schriften

A. Kruckow: Die Selbstanschluss- und Wählereinrichtungen im Fernsprechbetriebe, Braunschweig 1911. Nachdruck des Deutschen Telefon Museums, Morbach, Deutschland

Siemens & Halske Wien: Die automatischen Einrichtungen der k.k. Staatstelephon-Zentralen Wien, System G.H.Dietl, Wien 1914

Fernmeldetechnik. Lernbehelf für die Telegraphendienstprüfung II Generaldirektion für die Post- und Telegraphenverwaltung, Wien 1955

Franz Pichler: Elektromechanik für Telegraphie, Telephonie und Rechnen 1800- 1950 Trauner Verlag, Linz 2022

Franz Pichler: Die Digitalisierung der Telekommunikation. Trauner Verlag, Linz 2022

erschienen in „Trödler" 04/2025

6. Drahtlose Telegraphie (Funk) und Radio

Mit der Entdeckung der elektromagnetischen Wellen durch Heinrich Hertz im Jahre 1886 und den ab dem Jahre 1896 erfolgreichen Versuchen von Guglielmo Marconi war die „Drahtlose Telegraphie", das heißt die telegraphische Übertragung der Morsezeichen ohne Freileitungen oder Kabel, möglich geworden. In vielen Ländern, besonders in England und in Deutschland wurde an der technischen Ausgestaltung dieses neuen informationstechnischen Gebietes gearbeitet. Der in England die von Marconi gegründete „Marconi Corporation", die dabei sehr erfolgreich war, stand in Deutschland die auf kaiserlichen Vorschlag im Jahre 1903 gegründete „Gesellschaft für Drahtlose Telegraphie", die später den Namen „Telefunken" bekam, gegenüber. Telefunken entstand durch Zusammenschluss der bereits bei den Firmen Siemens & Halske und AEG bestehenden Forschungsgruppen, die von den Professoren Ferdinand Braun (Strassburg) und Adolf Slaby (Berlin) dort dafür gegründet wurden.

6.1 Detektorempfänger von Telefunken 1907- 1917

Dieser Aufsatz versucht eine Anzahl von Kristall-Detektorempfänger, die von Telefunken in den Jahren von 1911 bis 1917 verkauft wurden, vorzustellen.
In diesen Jahren stieg Telefunken zu einem Unternehmen von Weltgeltung auf. Wesentlich waren dafür die von Telefunken für die Sender entwickelte Löschfunken-Technik und die Konstruktion der dafür am besten geeigneten Empfänger. Neben dem Militär mit dem Heer und der Marine in Deutschland gehörten international die Schiffe der Handelsmarine zu den wichtigsten Abnehmern der Geräte von Telefunken.

1. Kohärer-Empfänger

In den ersten zehn Jahren des Bestehens der drahtlosen Telegraphie war jedoch der hauptsächlich von Marconi entwickelte Kohärer Empfänger im Einsatz.
Als Beispiel kann der Kohärer- Empfänger von Siemens-Braun (später von Telefunken) angeführt werden, der in verschiedenen Ausführungsformen hergestellt wurde. Im Falle, dass keine Frequenzabstimmung vorgesehen ist, besteht dieser Empfänger aus dem Kohärer (ein Hartgummirohr mit Stahlspänen im Inneren gefüllt) zusammen mit dem Dekohärer (ein Elektromagnet mit selbstunterbrechendem Kontakt), einer Batterie zum Betrieb des Dekohärers und ein empfindliches Relais, das seinen Arbeitskontakt (mit dem der an dem Empfänger angeschlossenen Morseapparat geschaltet wird) während des Betriebs des Dekohärers schließt.

(1) Telefunken „Stahlkohärer-Empfänger“

Zur Realisierung eines kompletten Empfängers für drahtlose Telegraphie, jedoch immer noch ohne Abstimmung, wurde dieser Empfänger kompakt mit einem gewöhnlichen Morsetelegraphen zusammengebaut.

(2) Siemens-Braun Kohärer- Empfänger mit Morsetelegraph

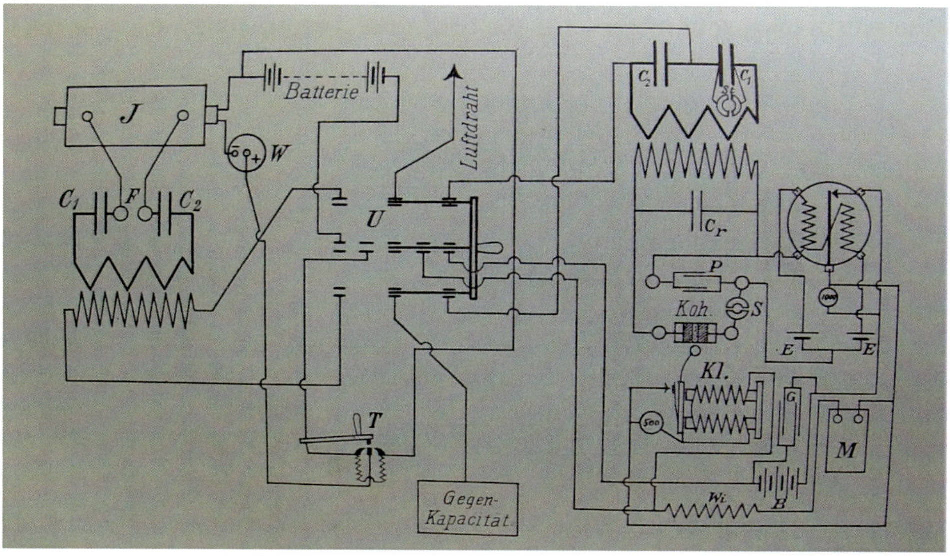

(3) Schaltbild der vollständigen Siemens-Braun Station

Mit der Entwicklung der Kristall- Detektorempfänger verschwanden die Kohärer-Empfänger in den praktischen Anwendungen. Im Bereich des Unterrichts hatten sie jedoch, um die Erfindung von Marconi zu demonstrieren, noch längere Zeit einen Platz. Verschiedene Erzeuger von Lehrmitteln hatten daher Kohärer-Empfänger weiterhin in ihrem Programm. Die beiden Bilder zeigen als Beispiele solche Empfänger.

(4) Firma Franz Stefflitschek Wien

(5) Firma Pichler´s Witwe Wien

2. Kristall-Detektorempfänger für die drahtlose Telegraphie

Kohärer- Empfänger zeigten sich durchwegs als wenig verlässlich und es wurden große Anstrengungen unternommen um in der drahtlosen Telegraphie den Empfang zu verbessern. In England wurde von Marconi dafür mit dem von Rutherford erfundenen Magnetdetektor eine entscheidende Verbesserung erreicht. Die Marconi Company setzte diesen in starkem Maße auf den von ihr betreuten Schiffen ein. Einen einfachen und damit mit dem geringsten Aufwand zu realisierenden Empfänger stellte jedoch der von Ferdinand Braun bereits im Jahre 1906 vorgestellte „Kristall-Detektorempfänger“ dar. Der Braun'sche Kristall-Detektorempfänger hatte einen primären Empfangskreis, bestehend aus einer Spule mit angeschlossener Antenne und Erdleitung und einem Abstimmkreis mit veränderlichem Kondensator (Drehkondensator mit Luftdielelektrikum) und einer dazu parallel geschalteten Spule. Daran war induktiv der Demodulationskreis (Gleichrichtung) mit Kristall-Detektor und einem Telefon (Kopfhörer) als elektroakustischer Wandler angeschlossen. Braun verwendete diese Schaltung ursprünglich als Wellenmesser zur Frequenzbestimmung von empfangenen elektromagnetischen Wellen.

Der Übergang von Kohärer-Empfängern zu Kristall-Detektorempfängern verlief im Einsatz nicht sprunghaft. In den ersten Empfangsanlagen wurden beide Arten von Methoden bei den Empfangsstationen eingesetzt. Wir zeigen dies an zwei Beispielen.

(6) Empfänger von Telefunken.

Das erste Beispiel (6) zeigt einen Empfänger von Telefunken der ersten Jahre. Auf der linken Seite ist ein Kristall-Detektorempfänger mit Kopfhörerempfang zu sehen, die rechte Seite zeigt einen Kohärer Empfänger.

(7) Karren-Station von Telefunken, um 1907

Das zweite Beispiel (7) ist mit einer Karren-Station von Telefunken gegeben. Zu sehen ist die Empfängerseite bestehend aus einem Kohärer-Empfänger, (links) und einem Kristall- Detektor-Empfänger (rechts)

3. Kristall-Detektorempfänger der Firma Telefunken

Neben der Erzeugung der Löschfunken-Sender galt es für Telefunken als Ergänzung dazu die dazugehörigen Kristall-Detektorempfänger, die auf Handels-Schiffen und beim Militär, hier sowohl bei der Marine als auch bei der Armee, in den Funkstationen für drahtlose Telegraphie eingesetzt wurden, zu entwickeln. In den darüber erschienenen Katalogen und Schriften ist zu ersehen, dass zahlreiche verschiedene Typen von Detektorempfängern von Telefunken entwickelt worden sind. Davon sollen hier nur die Typen E 4, E 5, G. A. H., E 28, E 40, und E 85 besprochen werden. Während als „Zelle" zuallererst die Schloemilch-Zelle (mit elektrolytischem Kontakt) eingesetzt wurde, folgten anschließend die Zellen mit den Kristall-Materialien Pyrit, Silizium, Karborund und Molybdän.

Empfänger E 4 (flache Ausführung für Funkwagen)

Dieser Empfänger wurde, in den weiter entwickelten Karren-Stationen als auch in den Funkwagen der Armee in Deutschland und auch in Österreich eingesetzt. Der notwendige Drehkondensator zur Abstimmung wurde extra angeordnet.

(8) E 4 mit Drehkondensator und Kopfhörer

(9) Funkwagen der k.k. Armee

(10) E 4 in Funkwagen montiert

Die nachfolgend ab dem Jahre 1911 konstruierten Empfänger E 5,E 5 P/S, E5b, E5c, gehörten zu den erfolgreichsten Typen. Sie wurden in den von Telefunken in dieser Zeit verwendeten Löschfunken-Stationen eingesetzt. Während E 5 nur einen Abstimmkreis hatte, war der Empfänger E5P/S sowohl im Antennenkreis als auch im angekoppelten Detektorkreis abstimmbar. Damit wurde eine größere Trennschärfe erreicht. Es gab Schiffstationen (z.B. das Hochsee- Schiff "Imperator") das sowohl einen Empfänger E5 als auch einen Empfänger E5 P/S mit Primär- und Sekundärkreis hatte. Mit der Verwendung von kleineren Drehkondensatoren kam es zu den Versionen E 5b und E 5c. Alle E 5 Empfänger hatten auf der Rückseite einen Sende/Empfänger Schalter, mit dem die Sender-Hochspannung durch einen großen Isolator isoliert wurde. Die Empfänger E5b und E5c hatten auswechselbare Spulen für die Wellenlängen von 200 bis 3000 Meter. Mit besonderen Spulen konnte auch die Wellenlänge auf 12.000 Meter vergrößert werden.

Empfänger E5 und E5 P/S

(11) E 5

(12) E 5 P/S

Der Empfänger E5 war wohl der in der Zeit der Löschfunken-Sender von Telefunken in den Handelsschiffen und beim Militär am häufigsten eingesetzte Kristall-Detektorempfänger. Er ist heute kaum in Museen oder in privaten

Sammlungen zu finden. In der bekannten populären Schrift von Thurn (1917) wird der Empfänger E5 gut beschrieben.

(13) Bordstation des Hochsee-Dampfers „Imperial“, E 5 P/S (links), E 5 (rechts)

Empfänger E5b und E5c

(14) E5 b

(15) E 5c

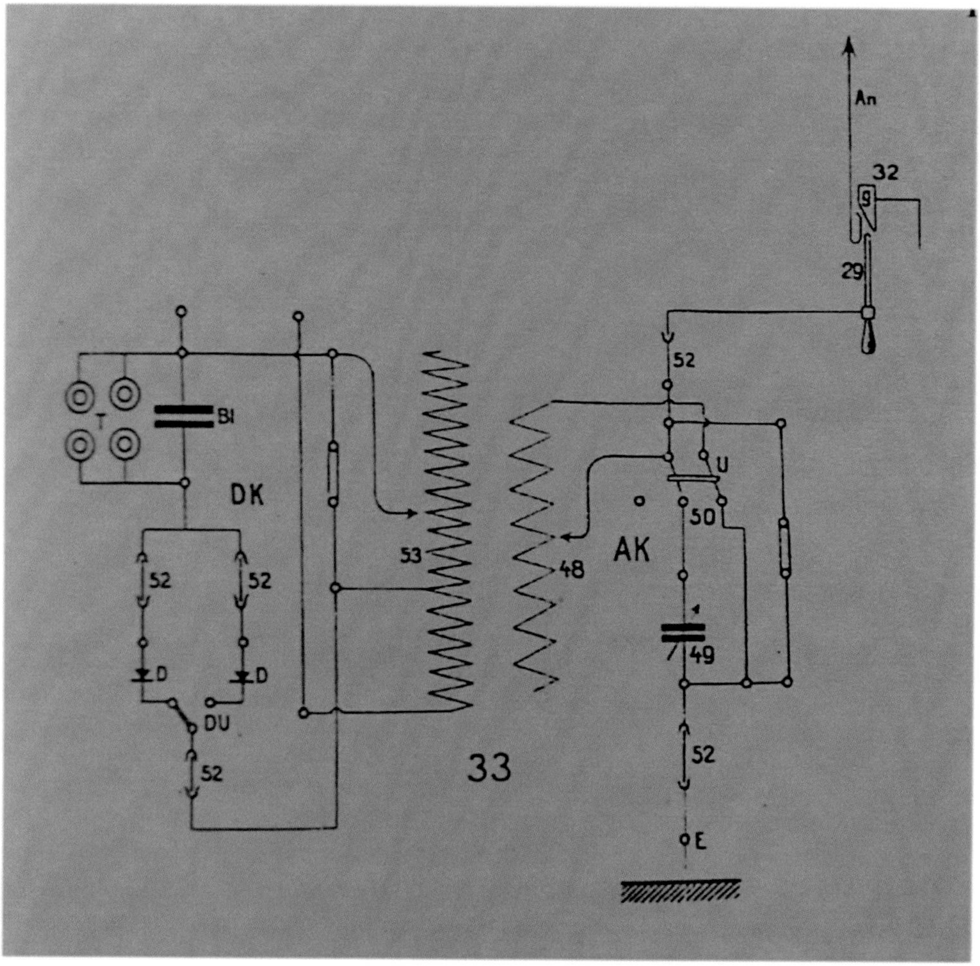

(16) Schaltplan E5b

Empfänger G.A.H, und E28

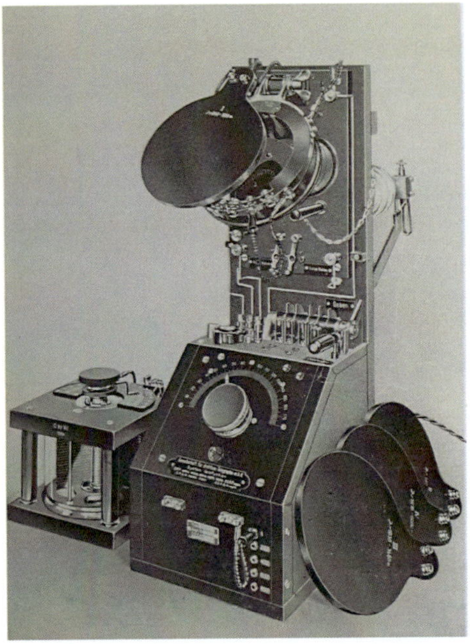

(17) G.A.H.

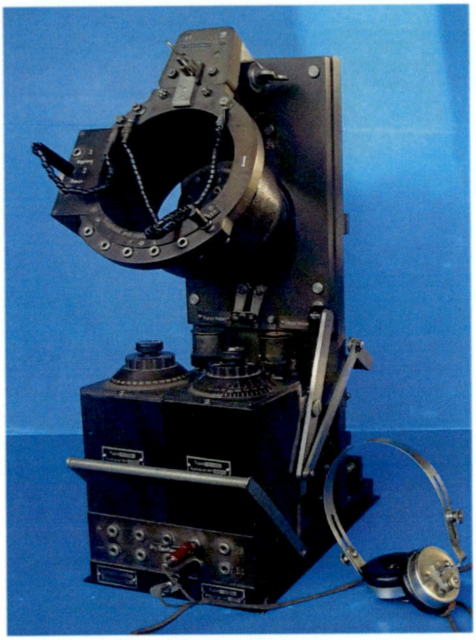

(18) E 28

Der in Publikationen gezeigte Empfänger G.A.H. (die Bedeutung der Abkürzung ist derzeit unbekannt) kann in der Entwicklung als eine Vorstufe des Empfängers E5b gesehen werden. Für die Ankopplung des aperiodischen Detektorkreises standen auswechselbare eigene Spulen zur Verfügung. Der Telefunken- Empfänger E 28 (auch als „Sockelempfänger" bekannt) entsprach schaltungsmäßig dem Empfänger E 5b. Der Unterschied bestand nur darin, dass der Sende/Empfänger Schalter keine Hochspannung des Senders führt und die Umschaltung zwischen Senden und Empfangen über einen auf der Rückseite montierten Messerschalter erfolgt. Dieser Empfänger wurde neben in Schiffen der Handelsmarine auch in den schweren 2,5 kW Löschfunken Feldstationen der Armee, im Besonderen dort in Funkwagen eingesetzt.

b) Hilfsteile und Einrichtungen:

Empfängerschalter E. S.,
Zellenwähler f (nicht sichtbar) (37—38, 37—67),
Umschalter »kurz-lang« g (5—10, 8—9),
Wahlschalter für direkten oder Zwischenkreisempfang i (69—71, 68—73),
Zweilochwellenschalter m (Zw. Kr.) (74),
Dreilochkopplung l (für direkten Empfang) (72),
Vierlochkopplung k (Zw. Kr. – Det. Kr.) (75),
Kopplungsstöpsel l',
Wellenstöpsel m,
Zusatzkondensator p (77—78),
Anschlußkontaktmesser q (2—3, 17—18),
Sicherheitsfunkenstrecken s (21—22 im At. Kr., 65—66 im Det. Kr.).

Abb. 48.

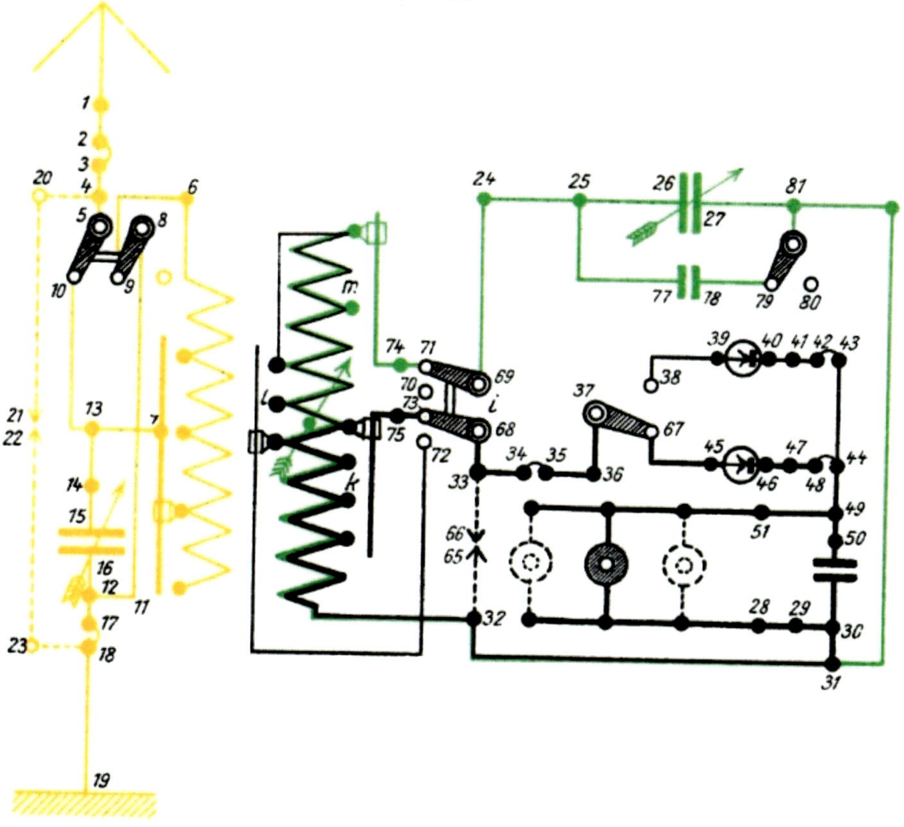

Z. E. 28. **Gesamtschaltbild.**

(19) Schaltbild des Sockelempfängers E 28

Empfänger E40

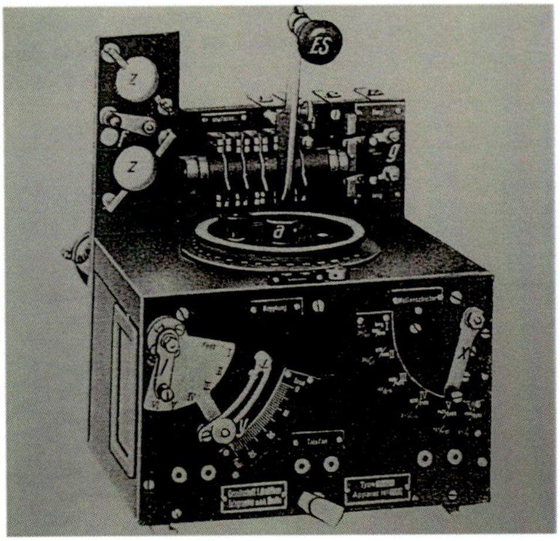

(20) E 40

(21) E 40 Rückseite

Der kleine Empfänger E 40 wurde hauptsächlich in leichten Feldstationen eingesetzt. Er hatte einen Wellenbereich von 250 bis 2500 Meter.Es wurden dafür kleine oder mittlere Antennen eingesetzt. Der Drehkondensator im Antennenkreis hatte eine Kapazität von 100 bis 1700 cm.

Abb. 45.

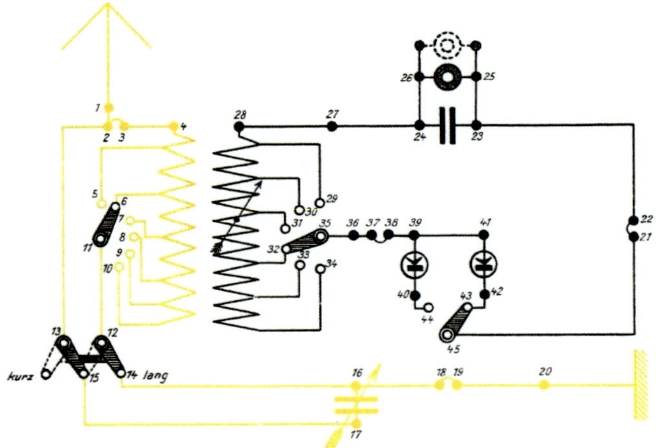

E. 40. Gesamtschaltbild.

(22) Schaltbild E 40

Pultempfänger E85 und E85c

(23) E 85

(24) E85c

Diese Empfänger wurden in den leichten als auch in schweren Feldstationen eingesetzt. Die Version E 85 c unterscheidet sich von E 85 durch einen größeren Frequenzbereich. Sowohl der Antennenkreis als auch der Detektorkreis sind mit einem Drehkondensator ausgestattet. Mit einem Messerschalter kann der Empfänger auf drei Schaltgruppen A, B und C eingestellt werden mit denen die Wellenbereiche 300 bis 1200 Meter und 1100 bis 3100 Meter erreicht werden können.

— 95 —

Abb. 54.

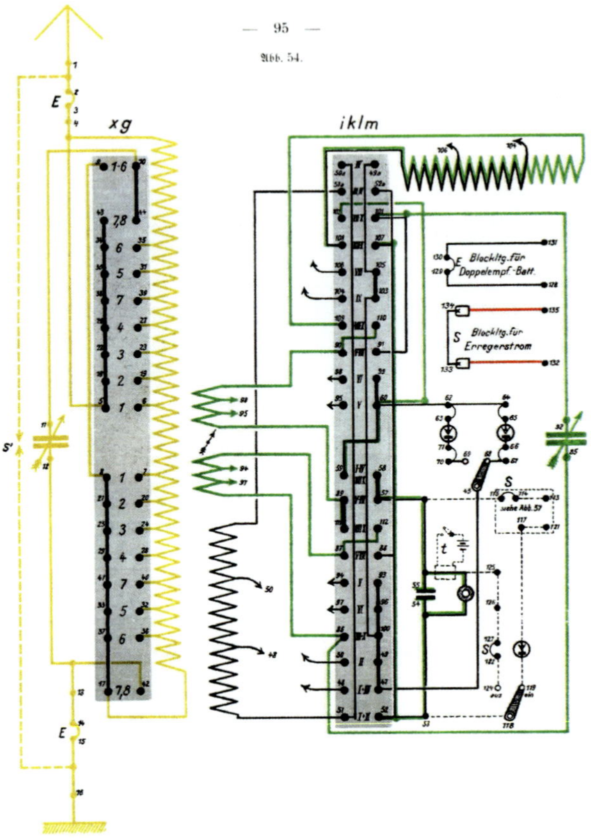

Z. E. 85. Gesamtschaltbild.

(25) Schaltbild Pultempfänger E 85

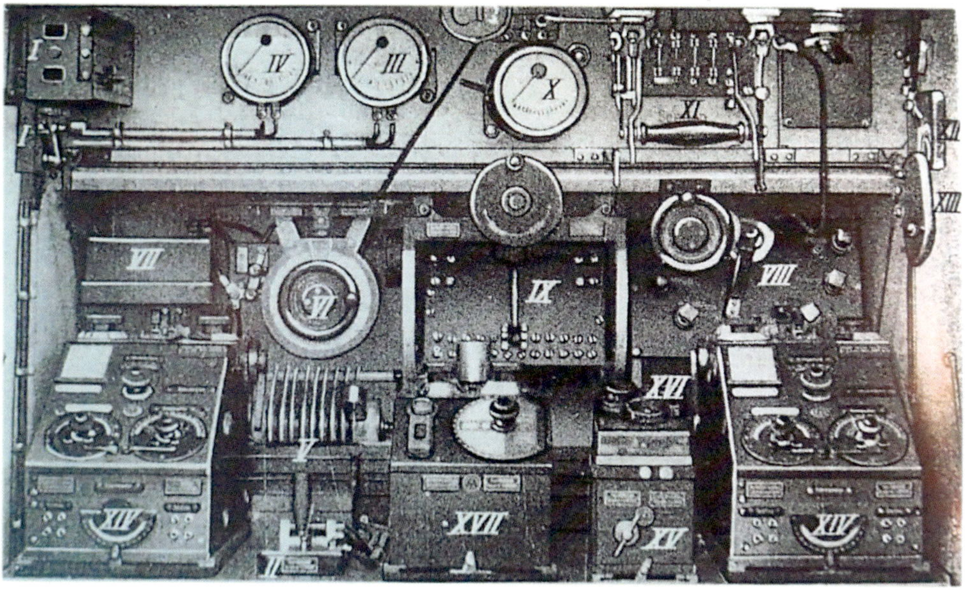

(26) E 85 c in schwerer Feldstation

(27) Pultempfänger E 85 in einer Kraftwagen-Station

Von der Firma Telefunken wurden in der Zeit von 1907- 1917 zahlreiche weitere Typen von Kristall-Detektorempfängern für die drahtlose Telegraphie hergestellt. Ebenso wurden auch von anderen Firmen in Deutschland für die drahtlose Telegraphie Kristall-Detektorempfänger ähnlicher Art gefertigt. Die Abbildung zeigt die zahlenmäßige Verteilung einzelner Typen von Empfängern von Telefunken für die Jahre von 1911 bis 1918.

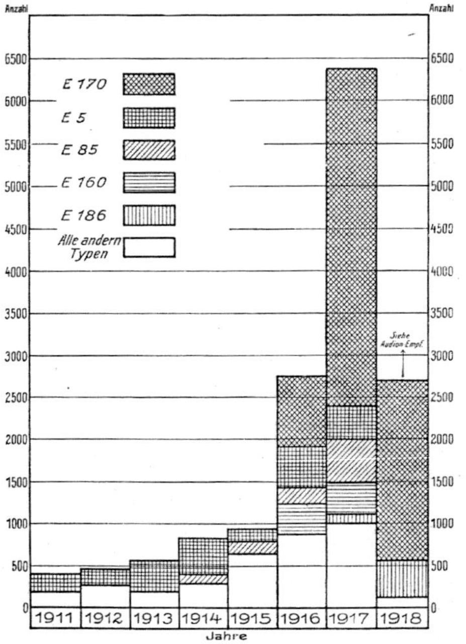

(28) Erzeugungszahlen von Telefunken- Empfängern 1911-1918

Schlussworte

Das Ziel des Aufsatzes war, die ersten Kristall-Detektorempfänger der Firma Telefunken (Gesellschaft für Drahtlose Telegraphie) im Bild vorzustellen. Ebenso wurden dazu, wenn vorhanden, zugehörige Schaltpläne gezeigt. Genaue technisch-wissenschaftliche Erklärungen der Funktion wurden nicht gegeben. Bei Telefunken wurde zur Erreichung einer hohen Empfindlichkeit für diese Geräte sehr wohl entsprechende theoretische Untersuchungen und praktisch durchgeführte Messungen durchgeführt um eine optimalen Anpassung der Eingangsstufe an den Detektorkreis sicher zu stellen. Dies war zweifellos eine Hauptaufgabe, die für die ersten Empfängern für drahtlose Telegraphie zu lösen war.

Schriften

Dr. Eugen Nesper: Handbuch der Drahtlosen Telegraphie und Telephonie. Band 1,2 Verlag Julius Springer, Berlin 1921

Dr,-Ing. Hans Rein: Lehrbuch der drahtlosen Telegraphie. Verlag von Julius Springer, Berlin 1917

Franz Anderle: Lehrbuch der drahtlosen Telegraphie und Telephonie. 3. Auflage Franz Deuticke, Leipzig und Wien 1916

Johann Prikowitsch: Drahtlose Telegraphie in der k. (u.) k. Armee und Marine. Heeresgeschichtliches Museum Wien, 2016

Telefunken m.b.H.: Radio-Stationen und Geräte. Berlin 1919

Graf Georg von Arco: Der heutige Stand der drahtlosen Telegraphie. Vortrag am 6. Dezember 1911, AEG Berlin, 1911

Gesellschaft für drahtlose Telegraphie m.b.H.: Katalog zu „System Telefunken" Berlin S.W. 68, Lindenstrasse 3 (Industrie Palast) 1917

Reichsdruckerei: Hilfsbuch für die Ausbildung des Landfunkers (H.A.L.) 1917

Gesellschaft für drahtlose Telegraphie m.b.H.: Die Entwicklung der Empfänger-Geräte und des Stationszubehörs in den Jahren 1911-1919, Berlin SW 11. Hallesches Ufer 12-13, 1919

H. Thurn: Die Funkentelegraphie. Aus Natur und Geisteswelt, Band 167, Vierte Auflage, B.G. Teubner, Berlin und Leipzig 1917

Meinen Sammlerkollegen Gerhard Bogner, Harald Naafs und Andre Saupe danke ich für Ratschläge und die Überlassung von Bildmaterial. Herrn Ingo Pötschke, Archiv der GFGF, danke ich für die Bereitstellung von Katalogen zu den Geräten von Telefunken.

Bildnachweis

(2) Roland Gööck: Radio-Fernsehen-Computer, Künzelsau 1989
(8),(11),(13) Andre Saupe
(9),(10) Prikowitsch, HGM Wien 1916
(13) Thurn, Berlin 1917
(15) Museum für Kommunikation Frankfurt, Depot Heusenstamm
(24) Harald Naafs
(26),(27) Harald Trenkle, Telefunken Systemtechnik, Ulm 1989
(28) Telefunken-Katalog, Entwicklung der Empfänger 1911-1919, GFGF Archiv
Alle weiteren Bilder aus dem Bildarchiv des Verfassers

erschienen in „Funkgeschichte" 269, Juni/Juli 2023

6.2 Ein Detektorempfänger für den k.u.k. Radio-Horchdienst

1. Einführung

Die drahtlose Telegraphie, in Österreich auch als „Radiotelegraphie" bezeichnet nahm im Militär der k.u.k. Donaumonarchie neben der Telegraphie und Telefonie über Leitungen eine wichtige Stelle ein. In der k.u.k. Kriegsmarine diente sie zum Nachrichtenverkehr zwischen einzelnen Schiffen und zu den fest installierten an der Küste des Adriatischen Meeres eingerichteten Landstationen. In der k.u.k. Armee hatte sie vor allem die Aufgabe den Nachrichtenaustausch zwischen den Kommandostellen und den an den vordersten Linien eingesetzten Truppenteilen zu ermöglichen. Im Laufe der Kriegshandlungen wurde auch der Nachrichtenverkehr zwischen diesen Truppenteilen selbst eingerichtet, dazu kam für die Armee noch die Aufgabe den Nachrichtenverkehr zwischen der Artillerie und den Aufklärungs-Flugzeugen zu ermöglichen. Für alle diese Aufgaben mussten entsprechende Geräte der drahtlosen Telegraphie angeschafft werden. Bei der k.u.k. Kriegsmarine waren dies vor allem Geräte der deutschen Firma Telefunken. In der k.u.k. Armee war dies in den ersten Jahren des Einsatzes der drahtlosen Telegraphie auch der Fall. Mit dem Fortschritt der Technologie wurden jedoch auch Geräte weiterer Firmen eingesetzt, so zum Beispiel solche der Firma Lorenz AG Berlin. Aber auch Geräte österreichischer Firmen wurden sowohl bei der Kriegsmarine als auch bei der Armee verwendet. Für den Einsatz im Gebirge wurden für die Armee von Siemens und Halske Wien transportable Stationen erzeugt, die Firma Telephon Fabriks AG, vormals Berliner, Wien erzeugte Geräte für die Kriegsmarine. Die in den letzten Kriegsjahren eingerichtete Firma Lorenz AG Wien, die vom bekannten Funkpionier Eugen Nesper geleitet wurde, erzeugte Klein-Radiostationen für den Nachrichtenaustausch in den vordersten Frontlinien. Eine ausführliche Diskussion dieser Entwicklungen und eine komplette Aufstellung der in der k.u.k. Kriegsmarine und in der k.u.k. Armee findet sich in dem neu erschienenen Buch von Johann Prikowitsch [1].

Die von Prikowitsch in seinem Buch angeführten Geräte für drahtlose Telegraphie sind heute, wenn überhaupt, nur in geringer Stückzahl vorhanden und können meistens nur in speziellen Museen besichtigt werden. In den letzten Jahren des Ersten Weltkrieges wurde der Radio-Horchdienst und der Dechiffrierdienst in der k.u.k. Armee stark ausgebaut und es wurden dafür spezielle Horch-Empfänger entwickelt und eingesetzt. Leider stehen dafür derzeit keine schriftlichen Unterlagen zur Verfügung und es ist, nach Wissen des Verfasser neben dem hier vorgestellten Gerät bisher kein Exemplar eines solchen Horch-Empfängers bekannt.

2. Entwicklung des Radio-Horchdienstes im k.u.k. Militär

Für die k.u.k. Militärbehörden war es stets von Interesse Nachrichten, die von ausländischen Stellen mittels der drahtlosen Telegraphie übertragen wurden, abzuhorchen und mitzulesen. Bei verschlüsselten Nachrichten galt es diese mit geeigneten Mittel zu dechiffrieren um den Klartext zu gewinnen. Bereits ab dem Jahre 1911 wurden zu diesem Zweck vom Evidenzbüro des Generalstabes in systematischer Weise abgehörte Nachrichten erfasst und bearbeitet. Die Leitung dafür hatte Hptm Maximilian Runge. Als wesentlicher Mitarbeiter zur Dechiffrierung verschlüsselter Nachrichten stand ihm Andreas Figl zur Seite. Mit dem Ausbruch des Ersten Weltkrieges wurde im September 1914 im Kriegsministerium eine eigene Chiffregruppe, deren Leitung Andreas Figl übernahm, eingerichtet. Diese hatte alle Aufgaben, die zur Chiffrierung und Dechiffrierung gehörten, wahrzunehmen. Wie im Buch von Otto Horak [2] dargestellt wird, war es die außerordentliche Leistung von Andreas Figl die hier, besonders bei der Dechiffrierung von an der italienischen Front abgehörten Nachrichten, zu einem großen Erfolg beitrug.

3. Gerätemäßige Ausrüstungt des Radio- Horchdienstes

Für den Radio-Horchdienst, der wie vorher erwähnt vom Jahre 1911 an verfolgt wurde, dienten zunächst alle im k.u.k. Militär für die drahtlose Telegraphie eingesetzten Stationen. Neben ihren operativen Tätigkeiten hatten die Radiotelegraphisten auch die Aufgabe ausländische Nachrichten abzuhören und aufzunehmen und diese an der Chiffregruppe des Heeresoberkommandos weiter zu leiten. Dies geschah in der Regel über das bestehende Netz der Hughes-Telegraphen. Mit den von der Chiffregruppe erzielten Erfolgen in der Dechiffrierung lag es nahe dem Radio-Horchdienst gegenüber dem operativen Einsatz der drahtlosen Telegraphie einen Vorrang einzuräumen. Es wurde beschlossen dafür nach Möglichkeit die besser gesicherte Kommunikation mittels der drahtgebundenen Telegraphie und Telefonie einzusetzen. In der Folge wurde vom Jahre 1915 an ein Netz von Horchstationen an der italienischen Front eingerichtet. Prikowitsch [1] gibt dazu die zugehörigen geographischen Skizzen und auch den Umfang der abgehörten italienischen Depeschen an. Neben dem eigentlichen Horchdienst ergab sich auch die Aufgabe durch Peilung den Ort der feindlichen Sendestationen festzustellen. Von Hptm Franz Anderle war schon seit dem Jahre 1915 ein Vorschlag für eine einfach zu errichtende Antenne, mit der mit einem üblichen Empfänger eine Peilung vorgenommen werden konnte, bekannt (Prikowitsch [1], S. 377). Um den Horchdienst und auch den Peildienst auszubauen, war es ab dem Jahre 1916 dringlich geworden, zusätzlich zu den vorhandenen Geräten, weitere für den Horch- und Peildienst geeignete Empfänger anzuschaffen. In diesem Zusammenhang soll ein Abschnitt aus der Dissertation von Theodor Venus [3] wörtlich hier aufgenommen. Venus (S.410, 411) schreibt:

Dabei ergaben sich jedoch schon bei der Beschaffung beträchtliche Probleme: Die leistungsfähigste Funkfirma auf dem Gebiet der k.u.k. Monarchie, Siemens & Halske war beim Bau neuer Produkte, wie sie Peilstationen waren, stets an die Zustimmung ihrer Berliner Stamm- und Lizenzfirma Telefunken gebunden. Im Fall der Peilgeräteherstellung forderte die Berliner Firma von der k.u.k. Armeeführung, dass Siemens & Halske die Alleinlieferantin für Armee und Kriegsmarine sein müsse; ohne eine solche Zusicherung würde einer Produktion von Peilern in Wien nicht zugestimmt werden. Eine andere Möglichkeit zur technischen Verbesserung war die Spezialisierung des Stationsmaterials. Bisher waren im Allgemeinen die für allgemeine Zwecke fungierenden Feldradiostationen auch für den Horchdienst herangezogen worden. Nun gab es Anregungen, die Feldradiostationen wieder ihrem ursprünglichen Zweck, dem operativen Verkehr, zuzuführen und sie durch eigene konstruierte Abhorchstationen zu ersetzen, Über Auftrag der Heeresleitung entwickelte die Funkindustrie hiefür reine Empfangsgeräte erhöhter Leistungsfähigkeit (hohe Empfindlichkeit, großer Wellenbereich). Die erste Geräteserie dieser Art stand vom April 1917 an zur Verfügung, als der Ausbruch der Revolution in Russland und die geographische Verlagerung des Kampfgeschehens deren Einsatz besondere Bedeutung verlieh). Die Zahl der im Horcheinsatz stehenden, neuen, reinen Empfänger erhöhte sich rasch und betrug am 1. Juli 1917 bereits 31, am 1. Mai 1918 59 Stück).

4. Ein für den Radio-Horchdienst geeigneter Kristall-Detektorempfänger von Siemens und Halske Wien

In einer österreichischen Sammlung von historischen Radioapparaten wurde vor einigen Jahren ein Kristall-Detektorempfänger entdeckt, der ohne Zweifel für eine militärische Verwendung gedacht war. Der derzeitige Eigentümer dieses Gerätes stellte diesen für eine genaue Untersuchung zur Verfügung. Von dieser soll im Folgenden berichtet werden. Bild 1 zeigt den Schaltplan dieses Gerätes.[10] Mit dem „Wellenschalter" kann mit neun Schaltstellungen die Wellenlänge (der Frequenzbereich) gewählt werden. Dabei wird die Primärspule des Eingangskreises jeweils an verschiedenen Stellen angezapft. Mit einem Doppel-Drehkondensator der zur Primärspule zugeschaltet wird, entweder ein Parallel-Resonanzkreis (Wellenlänge 294 - 1680 m, beide Drehkondenatoren zugeschaltet) oder ein Serienresonanz (Wellenlänge 1500- 4700m, nur 1 Drehkondensator zugeschaltet) erzeugt. Eine Verlängerungs-Spule zum Empfang noch größerer Wellenlängen kann angeschaltet werden. Die Sekundärspule kann mit dem „Detektorschalter" mit 5 Stellungen an die jeweils existierende Charakteristik des Detektors (wählbar als Detektor I oder II) angepasst werden.

[10] dieser Schaltplan wurde freundlicherweise dem Verfasser von André Saupe, Potsdam, der diesen am Gerät ausgemessen hat, zur Verfügung gestellt.

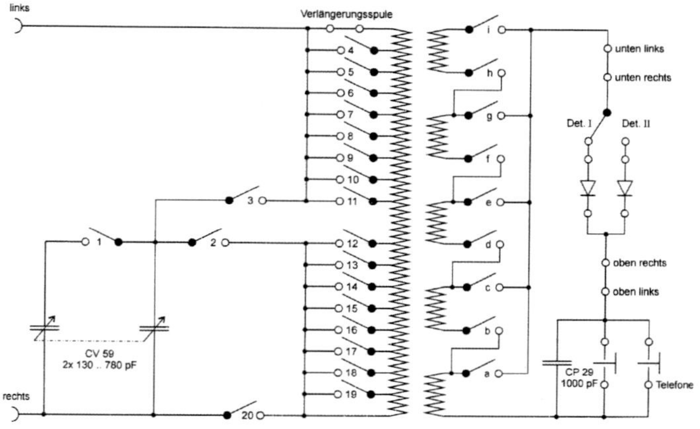

294 - 450 m 710 - 970 kHz	●	●									●	●								
358 - 570 m 542 - 756 kHz	●	●								●			●							
465 - 760 m 405 - 610 kHz	●	●							●					●						
570 - 990 m 310 - 470 kHz	●	●						●							●					
750 - 1340 m 230 - 355 kHz	●	●				●											●			
930 - 1680 m 177 - 285 kHz	●	●			●													●		
1500 - 2440 m 118 - 190 kHz			●				●									●				●
2050 - 3350 m 85 - 140 kHz			●	●															●	●
4700 - 2900 m 61 - 98 kHz			●																	●
Kontakt	1	2	3	4	5	6	7	8	9	10	11	12	13	14	15	16	17	18	19	20

Wellen Schalter

1	●								
2		●	●						
3		●		●	●				
4		●		●		●	●		
5		●		●		●		●	●
Pos. / Kontakt	a	b	c	d	e	f	g	h	i

Detektor Schalter

Siemens & Halske
A. - G. Wien
System Telefunken
Appt. No. 7311

Bild 1: Kristall-Detektorempfänger von Siemens und Halske Wien

Der akustische Empfang der Nachrichten kann mittels Kopfhörer, wobei zwei davon angeschaltet werden können, geschehen. Mittels Rändelmuttern kann die Antennenleitung und die Erdleitung bzw. bei Peilempfang die Peilantenne angeschlossen werden. Die in Bild 1 zu sehenden Brücken zwischen den beiden Rändelmuttern erlauben die elektrische Abtrennung der beiden Detektor-Kristalle und die Zuschaltung eines Schleifdetektors für den Empfang ungedämpfter Wellen.

Ein Vergleich der Schaltung mit den bekannten Kristall-Detektorempfänger von Telefunken zeigt die große Ähnlichkeit mit dem Primärempfänger E5b und zum Empfänger VE2 des k.u.k. Militärs, wie dieser bei Prikowitsch [1] auf den Seiten 84 und 86 angeführt wird. Fotoaufnahmen des Gerätes zeigen die folgenden Bilder:

Bild 2: Gesamtansicht

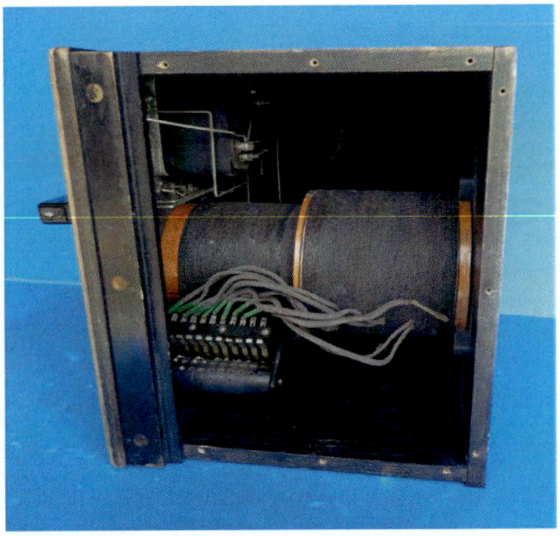

Bild 3: Anschluss des Wellenschalters Bild 4: Anschluss des Detektorschalters

Am aufgefundenen Empfänger fehlten die Kristall-Detektoren. Als Ersatz wurden dafür zwei zur Verfügung stehende Telefunken Detektoren angesteckt. Es handelt sich bei diesen um einen Karborundum und um einen Pyrit Detektor, die bei Telefunken von 1917 an zum Einsatz kamen. Der Deckel zeigt bei beiden Detektoren das Siemens Logo. Das Gerät wurde von einem Vorbesitzer in Betrieb genommen, wobei anstatt der Kristall-Detektoren Germanium Dioden eingesetzt wurden. Der Empfang zeigte große Trennschärfe. Eine Frequenzmessung ergab eine gute Übereinstimmung mit den angegebenen Werten. An der Unterseite des Gerätes ist RAUSCHER ED. eingraviert. Es kann sich dabei um einen Vorbesitzer des Gerätes oder auch um einen Radiotelegraphisten, dem das Gerät zugeordnet war, handeln. Mit großer Sicherheit kann das Gerät als ein Exemplar eines Horch-Empfängers, wie er ab 1917 von der Funkindustrie für das k.u.k. Militär gebaut wurde, angesehen werden.

Literaturangaben

[1] Johann Prikowitsch: Drahtlose Telegraphie in der k.(u.)k. Armee und Marine. Heeresgeschichtliches Museum, Wien 2016. ISBN 978-3-902551-71-9

[2] Otto J. Horak: Oberst a.D. Andreas Figl und der k.u.k. Radio-Horchdienst. ARES Verlag, Graz 2011

[3] Theodor Venus: Die Entstehung des Rundfunks in Österreich- Herkunft und Gründung eines Massenmediums Dissertation zur Erlangung des Doktorgrades an der Grund- und Integrativwissenschaftlichen Fakultät der Universität Wien, Wien 1982

erschienen in „Mitteilungen der ÖGW" Wien 2020

6.3 Kristalldetektor Empfänger für den Rundfunk

Deutschland begeht derzeit das 100 jährige Bestehen des öffentlichen Rundfunks. Im Oktober 1923 wurde vom Vox-Haus in Berlin die erste Unterhaltungssendung ausgestrahlt. Dieses Jubiläum ist Anlass genug, um dem Kristall-detektor- Empfänger, den in dieser Zeit einfachsten und preiswertesten Radioempfänger, einige Zeilen zu widmen. Vorweg gesagt stellen diese Geräte ein großes empfehlenswertes Sammelgebiet zu Thema „Radio" dar.

Begonnen hat das „Radio" bereits in den USA im Jahre 1920. Nach und nach folgten auch die europäischen Länder, so Deutschland und England 1923 sowie Österreich und die Schweiz im Jahre 1924. In den dafür eingesetzten Sendestationen gehörten neben der oft weit sichtbaren Antenne die dort eingesetzten großen Elektronenröhren, die für eine große Sendeleistung zu sorgen hatten, zu den markantesten technischen Teilen. Elektronenröhren, später allgemein als „Radioröhren" bezeichnet, waren auch in den damaligen Radio Empfängern wesentliche Elemente. Ihr Betrieb benötigte jedoch zwei kostspielige Batterien, eine Anodenbatterie von etwa 60-100 Volt Spannung und eine Heizbatterie, meistens in Form eines Akkus, von 4 Volt Spannung. Röhrenempfänger waren deshalb in der Anschaffung und im Betrieb kostspielig und nur begüterte Haushalte konnten sich ein solches Gerät leisten. Neben diesen Röhrenempfängern gab es jedoch noch einen weiteren Typ von Empfänger, den Kristalldetektor Empfänger. Dieser benötigte weder Radioröhren noch zusätzliche Stromquellen. Die Anschaffung war damit mit niedrigen Kosten möglich, sodass ein breites Publikum und auch die Jugend damit die Möglichkeit bekam die damaligen Radiosendungen zu empfangen. Allerdings konnte damit kein Lautsprecher verwendet werden und man musste sich mit Kopfhörer begnügen. Es sei hier schon erwähnt, dass im Gegensatz zum Röhrenempfänger der Kristalldetektor Empfänger schon lange vorher bekannt war. Er diente bereits in der drahtlosen Telegraphie in der Zeit vor dem Ersten Weltkrieg als Empfänger für den Schiffsfunk und für das Militär.

1. Das Innere eines Kristalldetektor-Empfängers

Wie ist ein Kristalldetektor-Empfänger, kurz hier fortan einfach als „Detektor" bezeichnet, aufgebaut? Den wesentlichen Baustein stellt ein Kontakt dar, der durch einen „Kristall" (meistens aus Bleiglanz PbS) und eine daran gelegte Metalldrahtspitze gebildet wird. Die Drahtspitze war beweglich und ließ sich händisch auf den besten Empfang einstellen. Als weiterer wichtiger notwendiger Baustein zur Abstimmung besitzt ein Detektor eine Spule an der die Antenne (möglichst hoch über das Dach gespannt) und über einen Abgriff als Gegengewicht die Erde (etwa an einem Rohr der Wasserleitung) angeschlossen ist. Durch die Wahl des Abgriffes kann an der Spule die Empfangsfrequenz eingestellt werden. In verbesserter Form, kann zur Spule auch ein Drehkondensator angeschaltet sein womit man einen Resonanzkreis erhält und eine schärfere Abstimmung erreichen kann. Schließlich müssen die empfangenen Radiowellen noch hörbar gemacht werden. Dazu dient bei einem Detektor ein Kopfhörer, bestehend aus zwei Bell-Telefonen mit hoher Ohmzahl, die fest an die Ohren gedrückt werden. Detektoren liefern nur eine geringe Lautstärke sodass die Verwendung eines Lautsprechers nicht möglich ist und deshalb einen empfindlichen Kopfhörer verwenden muss. Die Spule zusammen mit dem möglicherweise angeschalteten Drehkondensator ist meistens in ein schönes Kästchen aus Holz, Bakelit oder Metallblech eingebaut. Für die Anschaltung des Kopfhörers und des „Kristalls" dienen Buchsen. Ebenso sind Buchsen für die Anschaltung der Antenne und der Erde vorgesehen. Das Bild zeigt schematisch die elektrische Schaltung eines einfachen Detektors und darunter die räumliche Verdrahtung der einzelnen Bauteile.

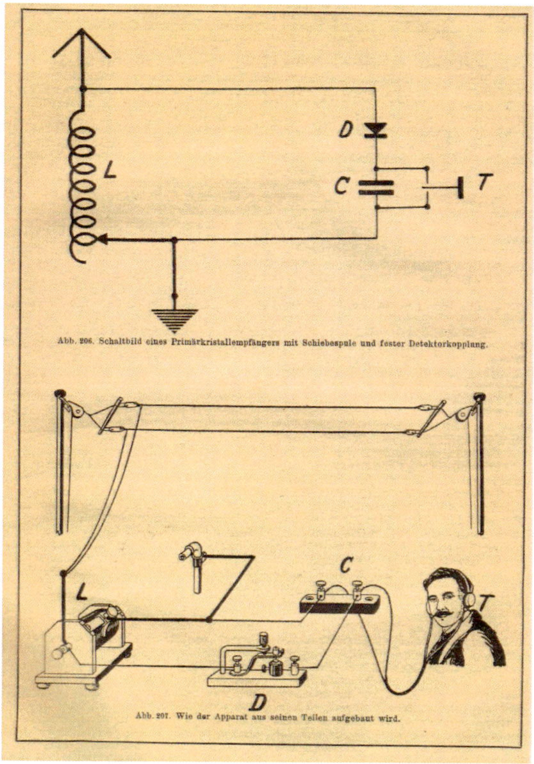

Abb. 206. Schaltbild eines Primärkristallempfängers mit Schiebespule und fester Detektorkopplang.

Abb. 207. Wie der Apparat aus seinen Teilen aufgebaut wird.

1: Schaltbild und Verdrahtung

Nach dieser eher trockenen technischen Behandlung des Aufbaus eines Detektors aus den ersten Jahren des Radios sollen in einer Auswahl einige Beispiele von historischen Detektorapparaten im Bild gezeigt werden. Das Sammeln solcher Geräte begeistert nach wie vor, besonders wenn man für Röhrenradios, die eine beachtliche Größe erreichen können, keinen Platz mehr hat. Zuerst jedoch noch einige Anmerkungen zum Sammelgebiet „Kristalldetektoren“.

2. Die Erzeugung von Kristalldetektor- Empfänger

Mit Beginn des Radios haben sich sogleich zahlreiche Firmen und auch findige Elektriker der Erzeugung und dem Verkauf der dafür notwendigen Geräte gewidmet. Aber auch Bastler machten sich mit Eifer an die Arbeit um für sich privat ein Empfangsgerät für das neue Medium Radio zur Verfügung zu haben. In Deutschland und in Österreich wurden vor allem Firmen die sich bisher der Erzeugung von Geräten für die Telegraphie und die Telephonie gewidmet haben, hier tätig. In Deutschland können neben anderen vor allen die Firmen Telefunken und Siemens & Halske genannt werden. In Österreich waren es neben anderen die Firmen Kapsch und Czeija & Nissl (Hekaphon). Dazu kamen noch die „start up“ Firmen, die in das Radiogeschäft eingestiegen. Als Beispiele können die Firmen Nora, Isaria, Friho, Sachsenwerk in Deutschland und Ingelen, Radione, und Broadcasting in Österreich genannt werden. Im europäischen Ausland waren vor allem die Länder England und Frankreich im Bau von Detektorapparaten führend. Natürlich waren auch in den USA die Kristalldetektoren populär und es gab viele Firmen dazu. Dort hatte der Kristalldetektor-Empfänger bereits in der Zeit der drahtlosen Telegraphie, für die es in den USA eine starke Amateurbewegung gab, eine große Bedeutung erhalten. Neben diesen kommerziell erzeugten Geräten wurden von Bastlern nach Bauanleitungen selbst Kristalldetektor Empfänger angefertigt. Spezielle Firmen lieferten die ′dazu notwendigen Kleinteile. Für den Sammler gab es also ein reiches Betätigungsfeld.

2: Telefunken Type A 3: Siemens & Halske Type 5A 4: Hekaphon (A)

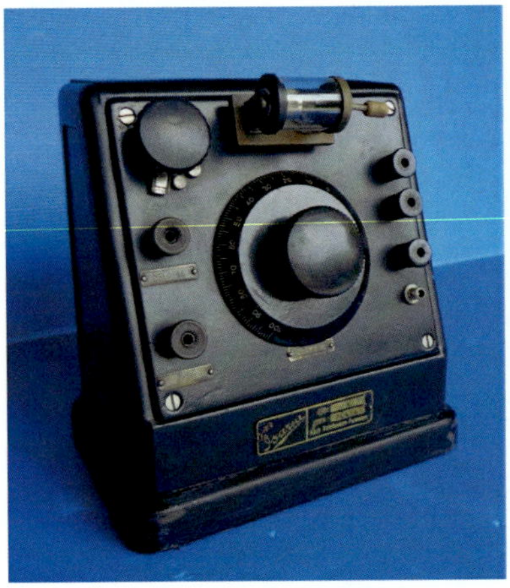
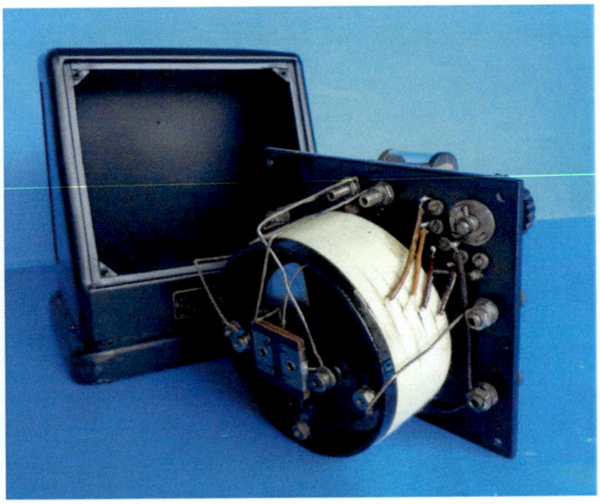

5: Isaria (D) Type C 6: Isaria (D) geöffnet

7: Telefunken (A)

8: Matador Bausatz

9: Selbstbau (A)

3. Zusätzliche spezielle Sammlungsgebiete

Das Gebiet der Kristalldetektor Empfänger eröffnet jedoch für den Sammler weitere Nebenschauplätze denen man sich widmen kann. Zum Beispiel kann sich ein Sammler auf die steckbaren „Kristalle" allein konzentrieren. Zahlreiche Firmen haben sich diesem wichtigen Bestandteil eines Detektors gewidmet und alle erdenklichen mechanischen Tricks überlegt, um die Metallspitze zur Erzielung eines guten Empfanges behutsam auf das Kristall an verschiedenen Stellen aufsetzen zu können. Die Konstruktionen dazu sind zum Teil ganz abenteuerlich und manche „Steckdetektoren" sind sehr schwer zu finden. Eine weitere Möglichkeit für eine Spezialisierung besteht darin, dass man sich mit dem Sammeln der Kristalle allein befasst. Wer vielleicht denkt, dass dies „eine gmahte Wiesn" - um einen österreichischen Ausdruck für eine leicht zu lösende Angelegenheit zu benutzen - täuscht sich. Im wichtigen Buch von Eugen Nesper: Der Radio Amateur, 6. Auflage, Berlin 1925 sind dafür nicht weniger als neun Arten von Kristallen (Arsenkies, Bleiglanz, Buntkupferkies, Karborund, Kupferkies, Markasit, Molybdenglanz, Nickelantimonglanz, Pyrit) zusammen mit dem Material aus dem die Metallspitze zu bestehen hat, angegeben. Die Hersteller von Steckkristallen preisen im Verkauf die dabei eingesetzten Kristallen mit starken Attributen wie „super“, „magisch“, „höchste Tonqualität“, „aus einem kalifornischen Goldbergwerk“ und ähnlichen an. Ganz falsch ist das im Einzelfall nicht, denn die wissenschaftlichen Ergebnisse zeigen, dass die Kennlinie für den Stromdurchgang für die Güte der Demodulation von Bedeutung ist und diese kann bei einzelnen Kristallen verschieden sein.

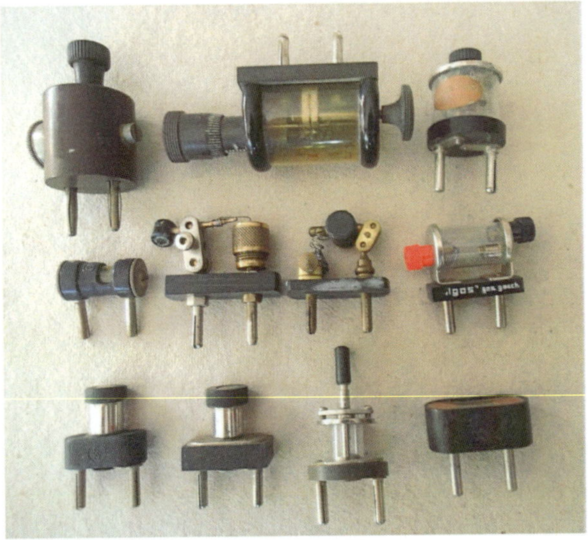

10: Sammlung Steck-Kristalle

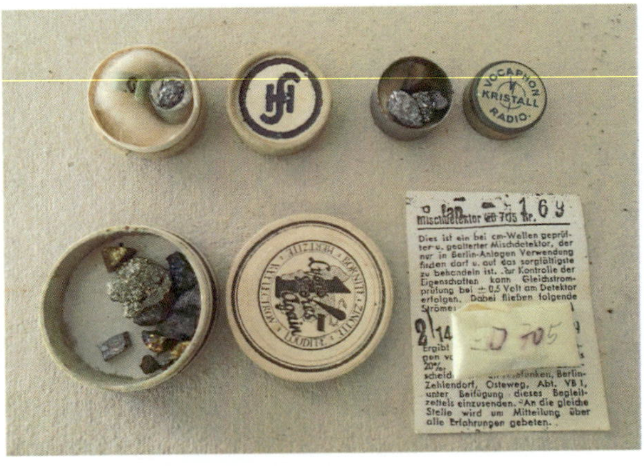

11: Sammlung Bleiglanz Kristalle

12: Werbung für Kristalle

13: Werbung für Kristalle

Es ginge sicher zu weit, wenn wir in diesem Zusammenhang den Sammler auch auf das Sammeln von Antennen-Isolatoren, Antennenschalter, Blitzschutzeinrichtungen und Kopfhörer aufmerksam machen würden. Da wir in unserem Streifzug noch weitere Themen haben, soll daher das Thema „Kristalldetektor-Empfänge der Pionierzeit des Radio“ damit abgeschlossen werden und im Folgenden noch zwei weitere Themen behandelt werden.

4. Detektorempfang in den Nachkriegsjahren

Eine neue Situation ergab sich für das Radio im Jahre 1945 nach dem Ende des Zweiten Weltkrieges. Hochwertige Radioapparate waren zu dieser Zeit zu einer Seltenheit geworden. Entweder waren diese für Kriegszwecke beschlagnahmt worden oder ihre Funktion hatte gelitten, da die Röhren taub geworden sind. In den Haushalten war höchstens noch der Deutsche Kleinempfänger (DKE) oder der etwas größere Volksempfänger (VE 301) vorhanden. Die gewissermaßen am Boden liegende Radioindustrie in Deutschland und Österreich rappelte sich aber schnell auf und begann einfache Röhrenempfänger zu produzieren. Aber auch Kristalldetektor-Empfänger kamen wieder auf den Markt. Dies hauptsächlich für die Jugend um den Ortssender, oder in den amerikanischen Zonen einen der AFN Stationen empfangen zu können. Auch das Radiobasteln lebte in der Nachkriegszeit wieder auf. Die nötigen Bauteile um einen Röhrenradio oder einen Detektor anzufertigen konnte man von verschiedenen Firmen per Post zugeschickt bekommen. Auch der Verfasser ließ sich davon begeistern. Radiobasteln gehörte in diesen Jahren zu seiner Lieblingsbeschäftigung. Das Glücksgefühl, als der erste selbstgebaute Radio an einem Sonntag im Winter 1950 spielte, hat er nie vergessen.

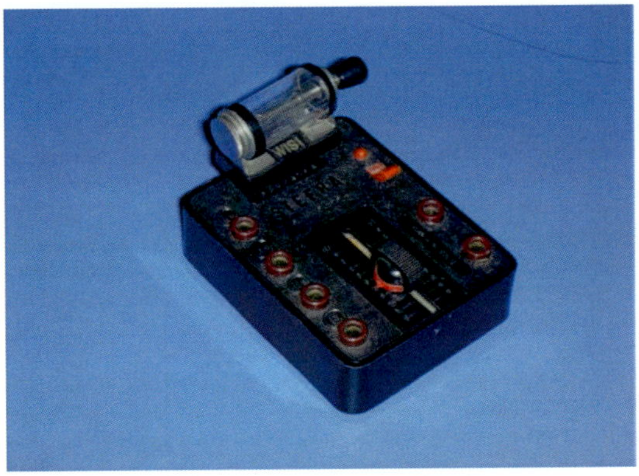

14: Wilhelm Sihn, Niefern (D) 1948 15: STEFRA, Wien (A) 1950

5. Von den Kristallen zu den Halbleitern und zum Transistor

Zum Abschluss soll noch zur Geschichte der Kristalldetektoren etwas berichtet werden. Die Erfindung einen Kristall zur Detektion von Hochfrequenzschwingungen zu verwenden geht auf den berühmten Physiker Professor Ferdinand Braun zurück. Braun hatte bereits im Jahre 1874 bei Schwefelmetallen die Gleichrichterwirkung entdeckt. Später führte diese Erfindung zu den Kristalldetektoren die in den Empfängern der drahtlosen Telegraphie eingesetzt wurden und somit einen wichtigen Bestandteil für die Geräte des Schiffsfunks und des Militärs darstellten. Mit der Entwicklung der Elektronenröhre verloren Kristalldetektoren in diesen Geräten jedoch ihre Bedeutung. Zur Konstruktion von einfachen und preiswerten Radioempfängern konnten sie jedoch in den ersten Jahren des Radios, wie vorher gezeigt wurde, mit Erfolg eingesetzt werden. Jedoch sollten sie im Zweiten Weltkrieg eine neue Bedeutung erhalten: Zur Abwehr von britischen und amerikanischen Flugzeugen waren Messungen im Gebiet der Dezimeter- und Zentimeterwellen erforderlich. Dafür wurden Kristalldetektoren, die bei diesen kurzen Wellenlängen- gleichbedeutend mit hohen Frequenzen- noch funktionierten, benötigt. Ebenso erforderten Radar-Systeme den Einsatz solcher. Die dazu angekurbelte Forschung führte schließlich zu den Halbleitern Germanium und Silizium und als wichtige Erfindung, die heute für die gesamte Digitalisierung wesentlich ist, zum Transistor.

Literaturhinweise

Eugen Nesper: Der Radioamateur, Springer Verlag Berlin 1923(1. Auflage), 1925 (6. Auflage).
Eugen Nesper: Wie baue ich einen einfachen Detektor-Empfänger? Bibliothek des Radioamateurs Band 6, Springer, Berlin 1925.
Ernst Erb: Radios von Gestern, M+K Computerverlag AG, Luzern, 1991 (2. Auflage).
Franz Pichler: Historische Meilensteine der Mikroelektronik, Trauner Verlag, Linz 2012

Bildnachweis: alle Bilder vom Archiv des Verfassers.

erschienen in „Trödler“ 12/2023

6.4 Radiobasteln

In den Jahren nach Beginn der öffentlichen Radiosendungen (Deutschland 1923, Österreich 1924) bedeutete die Anschaffung eines Radioempfängers eine größere Geldausgabe. Geschickte Bastler fanden aber einen Ausweg: Man baute sich einfach einen Radioapparat selbst. Dies war möglich, weil die einzelnen Bauteile dafür käuflich erworben werden konnten. Der Handel hatte sich auf die Bedürfnisse der „Radioamateure“ bereits eingestellt. Bis heute sind Eigenbaugeräte dieser Zeit auf Flohmärkten und auf den stattfindenden Börsen für Radiosammler zu finden. Da diese Geräte von den passionierten Radiosammlern eher gering geschätzt werden sind die Preise dafür verhältnismäßig gering und man kann sich mit geringen Kosten eine Sammlung aufbauen. Für den an der Geschichte der Technik interessierten Sammler stellen Eigenbauradios interessante Objekte, an denen gewissermaßen die Erfindungsgeschichte des Radios „greifbar“ demonstriert wird, dar. Für den Eigenbau von Radioempfängern gab es damals genaue Bauanleitungen und auch Bücher, die das Grundverständnis zur elektrischen Funktion der Geräte vermittelten. Von den Lesern dieses Aufsatzes wird nicht erwartet, dass hier darauf näher eingegangen wird. Bevor wir jedoch auf das Sammeln von Eigenbauradios eingehen, soll dennoch versucht werden, ein Bild zum Aufbau und zur Funktion der damaligen Radiogeräte zu vermitteln.

1. Der Aufbau eines Radioapparates

Um eine Radioempfangsanlage in den 1920´er Jahren einzurichten waren folgende Baugruppen notwendig:

(1) eine Antenne mittels der die von einer Radiostation ausgesendeten Radiowellen empfangen werden,

(2) ein Radioapparat, bestehend aus einem Abstimmkreis

(2a) zur Auswahl der einzelnen Stationen,
(2b) einer darauffolgenden Verstärkerstufe für das Signal der gewählten Station,
(2c) einem Demodulator, der aus dem verstärkten Hochfrequenz-Signal das enthaltene Niederfrequenz-Tonsignal gewinnt und
(2d) einer darauffolgenden Verstärkerstufe für das Tonsignal zur Erreichung einer Leistung zur Wiedergabe mittels eines Lautsprechers.
(2d) eine Stromversorgung in Form eines Akkumulators für die Heizung der Röhren, eine Batterie für die Bereitstellung der Anodenspannung

Für Bastler, die sich selbst eine Radioempfangsanlage einrichten wollen, ergibt sich die Aufgabe, die einzelnen Baugruppen zu realisieren. Die Baugruppe (1), die Antenne, kann eventuell, so der Hausbesitzer und die Nachbarn zustimmen, selbst durch einen im Freien isoliert aufgespannten Draht angefertigt werden.

(1) Antenne gespannt zu einem Nachbarhaus

Für den Radioapparat selbst können die Bauteile für die einzelnen Stufen (2a-2d) durch den Fachhandel käuflich erworben werden. Der Abstimmkreis (2a) enthält üblicherweise eine oder mehrere Spulen von isoliertem Kupferdraht in spezieller Wicklung und einen Drehkondensator. Für die Verstärkerstufen (2b) und (2d) und auch für den Demodulator (2c) ist als Bauteil jeweils eine Radioröhre von der Art einer Triode, bestehend aus der Katode (gebildet durch den Heizfaden), einem Gitter und einer Anode, notwendig. In der Verstärkerstufe (2b) werden die vom Abstimmkreis (2a) erhaltenen schwachen elektrischen Signale dem Gitter zugeführt. Diese steuern trägheitslos den Elektronenstrom zwischen Katode und Anode und werden dadurch verstärkt. Für die Demodulation (2c) ist die Gleichrichterwirkung der Radioröhre zwischen Gitter und Katode wesentlich. Deren Nichtlinearität bewirkt die Trennung des Tonsignals vom Hochfrequenz-Signal. Vielfach wurde in den ersten Radioapparaten dafür die Audionschaltung des amerikanischen Erfinders Lee De Forest eingesetzt. Die letzte Stufe, die Leistungs-Verstärkerstufe (2d), ist mittels eines Übertragers (eines für Tonsignale geeigneten Transformators) an den Demodulator angeschlossen.

(2) Bauteile für einen Radio-Apparat

Den Lautsprecher muss sich der Bastler vom Handel besorgen, im einfachen Fall kann auch dafür ein Kopfhörer genommen werden. Ebenso müssen für die Stromversorgung ein Akkumulator von 4 Volt Spannung zur Heizung der Radioröhren, sowie die Anodenbatterie von 40-60 Volt Spannung (kann aus der Zusammenschaltung von 10 Taschenlampenbatterien realisiert werden) im Handel gekauft werden.

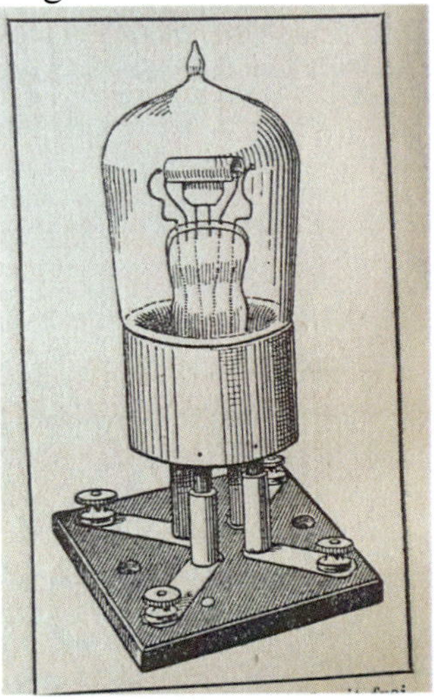
(3) Radioröhre

(4) Lautsprecher

2. Das Zusammenbauen eines Radioapparates

Nach dem Versuch die einzelnen Teile einer Radioempfangsanlage und die Funktion eines Radioempfängers zu behandeln, soll nun auf die eigentliche Arbeit eines Radiobastlers eingegangen werden. Wir gehen davon aus, dass ein Schaltbild für den Radioempfänger zur Verfügung steht.

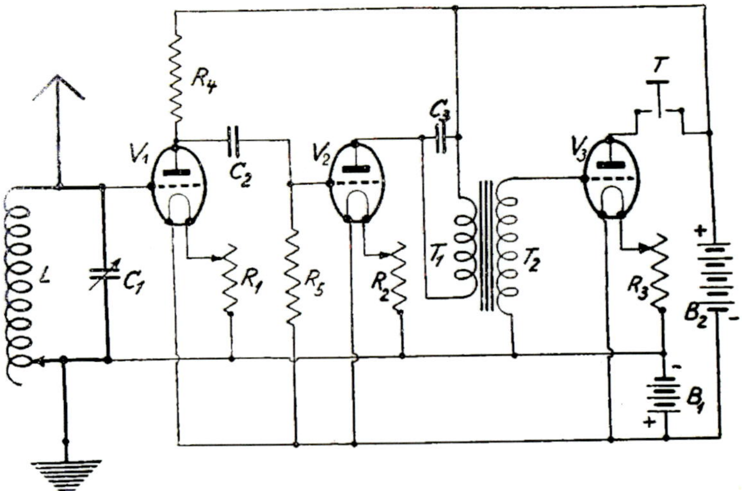

(4) Schaltbild für einen Radioempfänger der 1920´er Jahre

Wir sehen den Abstimmkreis mit Spule und Drehkondensator, die darauf folgende Hochfrequenz-Verstärkerstufe, darauffolgend den Demodulator durch Gittergleichrichtung mittels der Audionschaltung, dann angeschlossen mit einem Übertrager die Leistungs-Verstärkung und den daran angeschlossenen Lautsprecher (mit T bezeichnet) liegt. B1 ist der Heiz-Akkumulator, B2 die Anodenbatterie. Die einzelnen Bauteile jeder Stufe und auch deren Zusammenschaltung müssen nach ihrem Aufbau auf einem Holzbrett oder einer Blechchassis mit Drähten verbunden werden. Die Kontaktstellen werden mit Zinn gelötet. Dazu ist ein gewisses handwerkliches Geschick notwendig. Schließlich ist alles fertig gestellt und der Radioempfänger kann eingeschaltet werden. „Spielt“ das Gerät so ist der Radiobastler überaus glücklich, andernfalls geht es an die Fehlersuche. Ich erspare dem Leser weitere Erklärungen und wir gehen zu dem Thema der Errichtung einer Sammlung von selbstgebauten Radioapparaten der 1920´er Jahre über.

3. Bücher zum Radiobasteln

Als erstes sollen dazu Hinweise zum Schrifttum aus der Zeit des „Radiofiebers“ gegeben werden. Der Verfasser, selbst ein Radiobastler in den 1950´er Jahren, hat dazu eine kleine Sammlung an Büchern und Schriften aufgebaut. Davon sollen die Bücher von Hanns Günther „Schaltungsbuch für Radioamateure“, von Manfred von Ardenne „Des Funkbastlers erprobte Schaltungen“, von Werner Buchloh „Radiosport“ und von Richtera-Pfeuffer „Der Radio Empfangsapparat“, die jeweils durch die Abbildung ihres Einbandes gezeigt werden, besonders genannt werden. Zusätzlich sei für Leser die sich genauer mit dem damaligen Stand der Radiotechnik, des Radio-Broadcasting und der Radioamateur-Bewegung informieren wollen, auf das großartige Werk von Eugen Nesper „ Der Radio-Amateur“ hingewiesen.

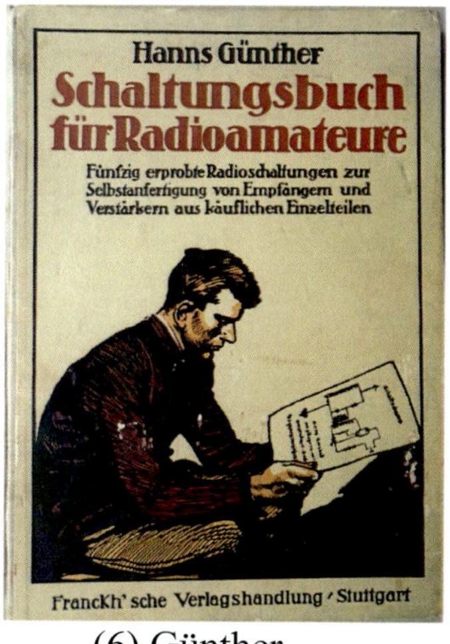

(6) Günther

(7) von Ardenne

(8) Buchloh

(9) Richtera-Pfeuffer

4. Das Sammeln von selbstgebauten Radiogeräten

Über die Jahre gelang es dem Verfasser eine Sammlung von Eigenbaugeräten aus den 1920´er Jahren zu erwerben. Gelegenheit dafür gaben die regelmäßig in Österreich stattfindenden Radio-Flohmärkte. Inzwischen wurde jedoch diese Sammlung fast zur Gänze aufgelöst. Ein Großteil der Geräte befindet sich nun im Phonomuseum Wien. Von den verbliebenen drei Geräten sollen hier zwei davon kurz besprochen und im Bild gezeigt werden.

Beispiel 1: Schrägpult Dreiröhren Empfänger

Die Abstimmstufe besteht aus einer im Antennenkreis liegenden Schwenkspule die induktiv an den Resonanzkreis, gebildet durch eine Spule und einem Drehkondensator, angekoppelt ist. Es folgt die Hochfrequenzverstärkung und anschließend die Audionstufe. Deren Anodenausgang wird über einen Übertrager an die Niederfrequenzstufe zur Leistungsverstärkung angekoppelt. Alle Bauteile wurden „fliegend“ in der Holzkasette angebracht. Gegenüber der gezeigten Schaltung besitzt dieses Gerät eine Rückkopplung, die mittels der Rückführung der Hochfrequenz von der Anode der Audionstufe mit einer Spule und einem Drehkondensator auf das Gitter der Audionsstufe geschieht. Damit wurde eine größere Empfindlichkeit erreicht. Von den Bauteilen her, kann dieser Apparat in Österreich entstanden sein. Baujahr etwa 1924.

(10) Schrägpult-Dreiröhren Empfänger

(11) Das Innenleben des Schrägpult Dreiröhren Empfängers

Beispiel 2: Schrank Dreiröhren Empfänger

Die Abstimmstufe besteht aus einer Spule und einem Drehkondensator. Es folgt die Hochfrequenzverstärkung, die Audionstufe und, mit einem Übertrager angekoppelt, die Niederfrequenzverstärkung. Auch dieser Apparat ist ein Rückkopplungsempfänger. Mit zwei Türen kann dieser Empfänger versperrt werden. Von den Bauteilen her liegt es nahe, dass dieses Gerät in Deutschland gebaut wurde. Baujahr ca. 1925.

(12) Schrank Dreiröhren Empfänger

(13) Innenleben des Schrank Dreiröhren Empfängers

Die beiden Eigenbau Radios stehen mit Zustimmung meiner Frau als Staubfänger in unserer Wohnung. Sie sind Zeugen der technischen Entwicklung des Mediums Radio. Als solche erinnern sie mich jeden Tag an die großartige technisch-wissenschaftliche Arbeit der damit befassten Naturwissenschaftler und Techniker. Natürlich gibt es auch einige UKW Radios der heutigen Zeit in unserer Wohnung. Meine Frau braucht dringend einen solchen im Bad und in der Küche, ich einen solchen um aktuelle Nachrichten zu hören. Die Jahre in denen diese noch in Funktion sein können sind jedoch gezählt. Die „Digitalisierung" wird diese über kurz oder lang nicht mehr benutzbar machen. Sicher gibt es auch Sammlungen von UKW Radios. Eigenbau UKW Radioempfänger gibt es jedoch kaum. Die heutige Radiotechnik, besonders die für digitale Geräte, erlaubt kaum eine Basteltätigkeit. Ein kaputtes „smart phone", mit dem man über das Internet Radioempfang möglich ist, kann kaum repariert werden und noch weniger selbst gebaut werden. Es erscheint also unwahrscheinlich, dass in der Zeitschrift „Trödler", so diese noch existieren sollte, einmal ein Aufsatz mit dem Titel „100 Jahre Handy-Bastler" erscheinen wird.

Schriften

Hanns Günther: Schaltungsbuch für Radioamateure.
Franck´sche Verlagsbuchhandlung, Stuttgart 1924,
Manfred von Ardenne: Des Funkbastlers erprobte Schaltungen,
Rothgießer & Diesing, Berlin 1924,
Werner Buchloh: Radiosport,Grethlein & Co,Leipzig und Zürich 1924,
Richtera-Pfeuffer: Der Radio Empfangsapparat Teil I,II,III,
Steyrermühl Verlag, Wien 1924,1934.
Dr.Eugen Nesper: Der Radio-Amateur, Sechste Auflage,
Verlag Julius Springer, Berlin 1925.

erschienen in „Trödler" 12/2024

6.5 Ein Selbstbau-Superhet aus dem Jahre 1928

Den Anlass zu diesem Aufsatz lieferte ein Selbstbau-Gerät das ich vor einigen Jahren am Radio-Flohmarkt in Breitenfurt (NÖ) von meinem Sammlerkollegen Dietrich Rudelstorfer erwerben konnte. Kürzlich habe ich es von meinem „Lager“ geholt um es genauer zu untersuchen. In diesem Aufsatz möchte ich über das Ergebnis berichten. Das Gerät ist in einem Glaskasten untergebracht. Um zur Frontplatte zu kommen, muss man ein Glasfenster runterklappen.

Bild 1: Ansicht des Selbstbau- Superhets

Das Gerät selbst kann zur Untersuchung herausgeschoben werden. Mit einem Blick kann man erkennen, dass es sich offenbar um einen Überlagerungs-Empfänger, also um einen „Super“ handelt. Dies wird vor allem durch die mit Messingblech abgeschirmten Baugruppen, bestehend aus einem Übertrager und eine Radioröhre, die zu einem Zwischenfrequenz-Verstärker gehören, deutlich.

Bild 2: Selbstbau-Superhet ausgebaut (ohne Abschirmdeckel)

Bevor wir an die Untersuchung herangehen, wollen wir uns an die Geschichte der Entwicklung des Überlagerungs-Empfanges und der verschiedenen hier entstandenen Geräte, den „ Superheterodynes“ erinnern. Die Erfindung kann neben dem französischen Radiotechniker Lucien Levy hauptsächlich der amerikanische bekannte Radiopionier Edwin Howard Armstrong (1890-1954) für sich beanspruchen. Schon im Jahre 1920 verkaufte er sein Patent an die amerikanische Firma AT&T. Die zum AT&T Konzern gehörige bekannte Firma Western Electric erzeugte bereits 1923 mit dem Superhet der Type 4B einen hochwertigen Radio, den wir in Bild 3 und Bild 4 zeigen.

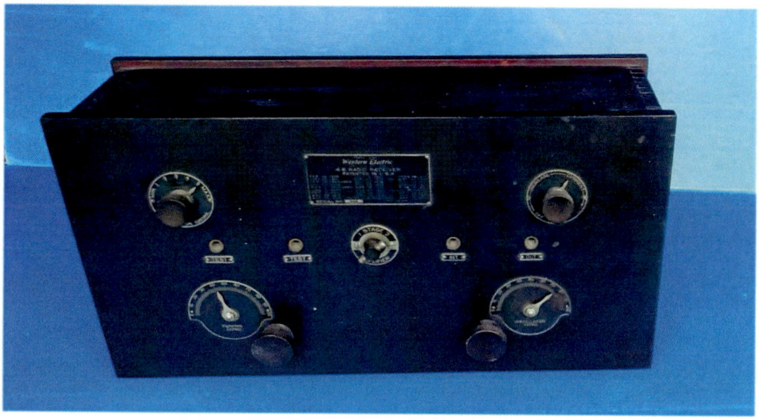

Bild 3: Superhet 4B von Western Electric (Sammlung Pichler)

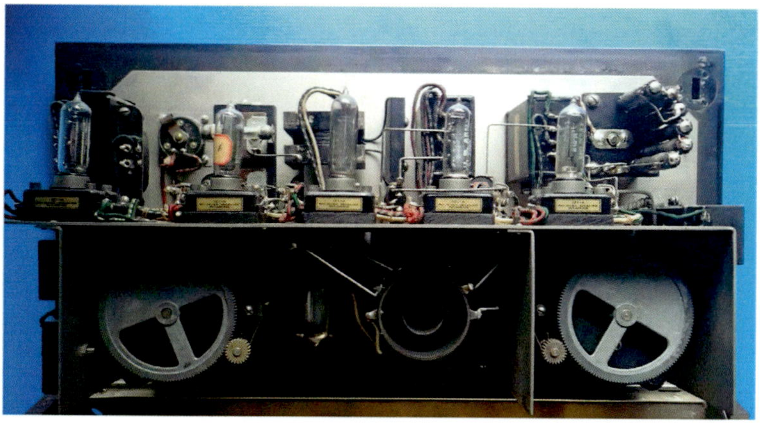

Bild 4: Superhet 4B Innenaufbau

Es dauerte noch einige Jahre bis in den USA und in Europa „Superhet-Empfänger“ auf den Markt kamen. In Österreich sind hier die Geräte U8 (1925) von Ingelen, der Ultradyne Radio „Radione“ mit 8 Röhren (1927) der Firma Ing. Nikolaus Eltz und das Gerät 2S5 (1928) der Firma Kapsch zu nennen. Diese wurden auch als Bausätze angeboten. Die Monatszeitschrift „Österreichischer Radio Amateur“ widmete sich von 1926 an in zahlreichen Aufsätzen dem damals höchst aktuellen Thema des Überlagerungsempfanges. Es erschienen dazu auch zahlreiche Bücher dazu von denen hier die Werke von Krueger (1926),Stoeger (1927) und Richtera-Pfeuffer (1928) angeführt werden. Man kann aus den verschiedenen Schriften und Büchern ersehen, dass sich zahlreiche Erfinder und Radiotechniker bemüht haben, spezielle Schaltungen für Überlagerungs-Empfänger zu entwickeln. So behandelt das Buch von Stoeger neben dem normalen „Armstrong Superheterodyne“ auch den „Ultradyne“ von Lacault, den „Tetrodyne-Empfänger“, den „Autodyne“ von Pressley, den „Tropadyne“ von Fitch, den „Superhet“ nach Hartley und den „Superhet der 2. Harmonischen“ von Armstrong und Houck. Soweit ein kurzer Rückblich auf die Entwicklung des Superhets.

Wo war mein Selbstbau-Superhet hier einzuordnen? Die Verfolgung der Verdrahtung war nicht ganz einfach und es gelang mir nicht sogleich ein Schaltbild zu zeichnen. Das Glück war jedoch auf meiner Seite. Im Juni-Heft des Jahres 1928 vom „Österreichischen Radio-Amateur“ fand ich den Aufsatz von Ing. Adalbert Swoboda „ Ein abgeschirmter und neutralisierter Überlagerungsempfänger“ der mein Gerät betraf. Der Bau desselben wird dort genau behandelt. Neben der Anleitung zur Herstellung der Oszillatorspulen (für Mittelwellen, aber auch für Langwellen und Kurzwellen) und der Bandfilter für den Zwischenfrequenz-Verstärker wird darin auch dessen Aufbau aus Messingblech aus einzelnen voneinander abgeschirmten Kammern genau beschrieben. Die Zwischenfrequenz wurde wie damals üblich 125 kHz genommen, zur Neutralisation diente die Methode von De Colle . Des Weiteren ist auch eine Materialliste angegeben neben der Reklameanzeige des „Radio-Laboratoriums Arthur Steiner, Wien VI, Gumpendorfer Straße 5“ die anzeigt, dass sämtliches Material geliefert werden kann.

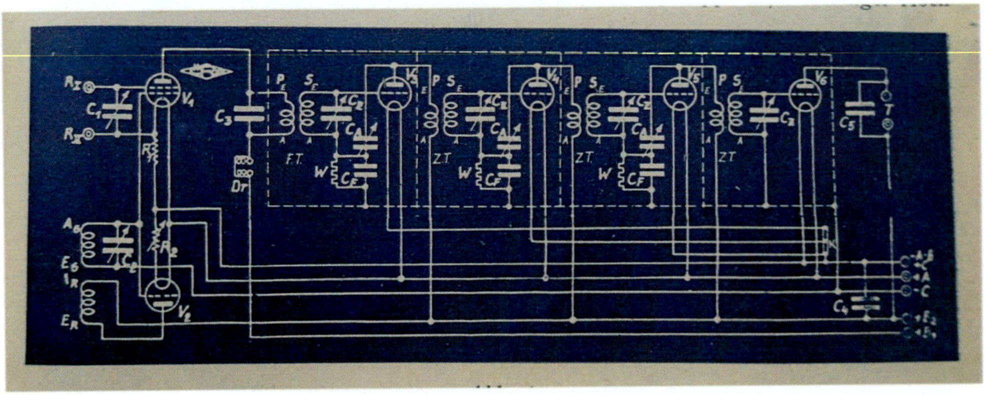

Bild 5: Schaltbild des Überlagerungsempfängers
(Österreichischer Radio-Amateur Juni 1928)

Das angegebene Schaltbild zeigt, dass die Funktionsweise der Schaltung einem Ultradyne-Empfänger nach Lacault entspricht, wobei jedoch die von Lardelli angegebene Mischung mit einer Schirmgitter-Röhre verwendet wird. Der Eingangskreis zur Abstimmung auf die Empfangsfrequenz wird durch einen Drehkondensator mit 500 cm Kapazität zusammen mit einer daran angeschalteten Rahmenantenne gebildet. Die letzte Röhre des Zwischenfrequenz-Teils wirkt, wie angegeben, als „Richtverstärker“ und bewirkt die Demodulation des ZF-Signals und die NF-Verstärkung. Die Untersuchung des Selbstbau-Superhets zeigte, dass dort zusätzlich eine NF-Stufe mittels eine Schirmgitter-Endröhre zugeschaltet werden kann, womit dann ein Lautsprecher-Empfang garantiert wird. Im Aufsatz von Adalbert Swoboda ist am Schluss zu lesen, dass sich nur geübte Bastler, ausgestattet mit den notwendigen radiotechnischen Erfahrungen, an den Bau heranwagen sollen. Der unbekannte Radio-Amateur der den Apparat, der nunmehr in meiner Sammlung ist, gebaut hat, erfüllte sicherlich diese Anforderung.

Schlussworte

Vor siebzig Jahren habe ich als Lehrling meine ersten Erfahrungen mit Hilfe der Lektüre der Beilage „Der Radiopraktiker“ der Zeitschrift „Funk und Film“ und mit Material zugesandt von „Wien Schall“ im Radiobasteln gewonnen. Damals hätte ich wahrscheinlich den hier beschriebenen Selbstbau- Superhet zerlegt und die Teile soweit als möglich verwendet. Heute könnte ich (vielleicht) dieses Gerät wieder in Betrieb nehmen, so wie das von unserem Sammlerkollegen Ing. Weihsenbäck, der meinen Ankauf in Breitenfurt beobachtete, gewünscht wird. Ich sehe aber davon ab. Das Gerät soll in dem originalen Zustand erhalten bleiben, zur historisch richtigen Demonstration und als Zeugnis für eine großartige Leistung, die vor fast hundert Jahren damit von einem begeisterten Radio-Amateur geleistet wurde.

Literaturhinweise

R.Krüger: Wie baue ich Radio-Fernempfänger. Berlin 1926
C.O.Stoeger: Superheterodyne-Empfänger. Berlin 1927
Richtera-Pfeuffer: Der Radio Empfangsapparat, III.Teil, Leipzig-Wien-Berlin 80.-84.Tausend 1935
Alan Douglas: Western Electric. in: Radio Manufacturers of the 1920´s, Vol.3, Vestal.N.Y. 1991, Seite 225-237
Adalbert Swoboda: Ein abgeschirmter und neutralisierter Überlagerungsempfänger. in: Österreichischer Radio Amateur, Jg. V, Juni 1928, Seite 543- 556

aus „Radiobote“ Interessensgemeinschaft „Freunde der Mittelwelle“, Wien

6.6 Sichere Übertragung von Nachrichten mittels Funkwellen

Zur Erfindung von „Frequency Hopping“ durch Hedy Lamarr

Es ist vielfach wünschenswert, dass Nachrichten die mittels eines Briefes oder per Telefon ausgetauscht werden, geheim bleiben. Da dieser Wunsch schon seit jeher besteht, sind in der Vergangenheit dafür verschiedene Methoden zur Geheimhaltung entwickelt worden. Im Falle dass Nachrichten in schriftlicher Form vorliegen befasst sich die Kryptographie mit diesem Problemkreis. Als wissenschaftliches Gebiet besteht die Kryptographie schon lange. Das erste Buch dafür mit dem Titel „Polygraphie libri sex“ wurde von Trithemius, Abt des Benediktinerklosters von Spanheim, im Jahre 1518 verfasst. Darin ist neben anderen Verfahren zur Verschlüsselung eines Textes auch die Tabelle aller zyklischen Permutationen der Buchstaben des gewöhnlichern Alphabetes zu finden. In der dritten Zeile dieser Tabelle sehen wir die Permutation für die sogenannte Ceasar Verschlüsselung, bei der jeder Buchstabe eines Textes durch den Buchstaben der drei Stellen nachfolgend davon im Alphabet steht, ersetzt wird. Wir geben ein Beispiel an: Für den Text „GEMIVERLAG ergibt sich verschlüsselt damit der Text „JHPLYHUODJ“. Die Caesar-Verschlüsselung ist ein sehr einfaches Verfahren und bietet keine große Sicherheit.

A B C D E F G H I J K L M N O P Q R S T U V W X Y Z
B C D E F G H I J K L M N O P Q R S T U V W X Y Z A
C D E F G H I J K L M N O P Q R S T U V W X Y Z A B
D E F G H I J K L M N O P Q R S T U V W X Y Z A B C
E F G H I J K L M N O P Q R S T U V W X Y Z A B C D
F G H I J K L M N O P Q R S T U V W X Y Z A B C D E
G H I J K L M N O P Q R S T U V W X Y Z A B C D E F
H I J K L M N O P Q R S T U V W X Y Z A B C D E F G
I J K L M N O P Q R S T U V W X Y Z A B C D E F G H
J K L M N O P Q R S T U V W X Y Z A B C D E F G H I
K L M N O P Q R S T U V W X Y Z A B C D E F G H I J
L M N O P Q R S T U V W X Y Z A B C D E F G H I J K
M N O P Q R S T U V W X Y Z A B C D E F G H I J K L
N O P Q R S T U V W X Y Z A B C D E F G H I J K L M
O P Q R S T U V W X Y Z A B C D E F G H I J K L M N
P Q R S T U V W X Y Z A B C D E F G H I J K L M N O
Q R S T U V W X Y Z A B C D E F G H I J K L M N O P
R S T U V W X Y Z A B C D E F G H I J K L M N O P Q
S T U V W X Y Z A B C D E F G H I J K L M N O P Q R
T U V W X Y Z A B C D E F G H I J K L M N O P Q R S
U V W X Y Z A B C D E F G H I J K L M N O P Q R S T
V W X Y Z A B C D E F G H I J K L M N O P Q R S T U
W X Y Z A B C D E F G H I J K L M N O P Q R S T U V
X Y Z A B C D E F G H I J K L M N O P Q R S T U V W
Y Z A B C D E F G H I J K L M N O P Q R S T U V W X
Z A B C D E F G H I J K L M N O P Q R S T U V W X Y

Bild 1: Zyklische Permutationen des Alphabets

Man kann jedoch, wie von Vigenére im Jahre 1586 bereits gezeigt wurde, diese Tabelle benutzen, um eine bessere Verschlüsselung zu erreichen. Es ist hier nicht der Platz um dies hier zu behandeln und etwa eine Einführung in die Kryptographie zu geben. Diesbezüglich verweisen wir den Leser auf das von Albert Beutelsbacher, Professor an der Universität Gießen, verfasste Buch. Das Ziel dieses Aufsatzes besteht hauptsächlich darin, eine Verschlüsselungs-Methode für Funksignale, die von der bekannten aus Wien stammenden Filmschauspielerin und Hollywoodgröße Hedy Lamarr erfunden wurde, zu behandeln. Da diese Erfindung, die im Jahre 1942 mit dem US Patent „Secret Communication System" erteilt wurde, auch einen kryptographischen Anteil hat, ist es jedoch notwendig, dass wir einige Grundbegriffe behandeln.

1. Verschlüsselungs-Systeme allgemein

Um eine Nachrichten-Übertragungsstrecke mittels Kryptographie sicher gegen Eingriffe zu machen ist wie folgt ein „Chiffriersystem" dafür einzurichten:

Beim Sender ***A*** wird der Klartext K, der die zu übertragende Nachricht enthält, mit einem Schlüssel S(*A*) mittels der Chiffrier-Operation O in das „Chiffrat" C= O(K, S(*A*)) transformiert. Das Chiffrat C wird über den Nachrichtenkanal zum Empfänger ***B*** übertragen. Dort wird mittels der Dechiffrier-Operation D mittels des beim Empfänger zur Verfügung stehenden Schlüssels S(***B***) der Klartext K durch D(C, S(***B***))= K wieder gewonnen. Das Chiffrat C kann auf seinem Weg über den Nachrichtenkanal signaltechnisch gesehen, von gleicher Art wie der Klartext sein (z.B. auf Papier geschriebener Text) es kann aber auch technisch von ganz anderer Art sein. Dies ist bei einer Funkübertragung der Fall, wo das Chiffrat mittels elektromagnetischer Wellen übertragen wird.

Bei zahlreichen der in der Praxis heute vorkommenden Chiffriersystemen sind „Zusperr-Schlüssel" S(*A*) und „Aufsperr-Schlüssel" gleich, S(*A*)=S(***B***), so dass dann ein gemeinsamer Schlüssel S existiert, der geheim zu halten ist. In neuerer Zeit sind jedoch auch Chiffrier-Systeme bekannt geworden, bei denen nur der Aufsperrschlüssel geheim gehalten werden muss, der Zusperr-Schlüssel, der zu einem bestimmten Empfänger gehört, ist jedoch öffentlich bekannt gemacht. Diese sogenannten „Public Key Systeme" haben jedoch bis heute nur eine eingeschränkte Bedeutung erhalten, da sie nicht „schnell" genug sind. Dominant sind nach wie vor die „Secret Key Systeme" der vorher besprochenen Art bei denen nur ein Schlüssel eingesetzt wird. Auch das von Hedy Lamarr erfundene System ist von dieser Art.

Die Geheimhaltung des Schlüssels S beim Sender und beim Empfänger muss bei „Secret Key Systeme" stets gewahrt bleiben. Im Normalfall wird S vom Sender ***A*** erzeugt und zum Empfänger ***B*** transportiert. Um diesen Transport sicher zu machen, könnte wieder ein dafür eigenes Chiffriersystem eingesetzt werden. Dieses benötigt dann allerdings wiederum einen Schlüsseltransport. Die Katze beisst sich dann gewissermaßen in den Schwanz. In der Vergangenheit wurde der Schlüsseltransport vielfach auf diplomatischem Wege ohne besondere Chiffrierung durchgeführt, für nicht zu komplexe Schlüssel bieten sich heute dafür auch die „Public Key Systeme“ an, die ja keinen Schlüsseltransport benötigen. Das von Hedy Lamarr erfundene „Secret Key System“ benötigt jedoch auf trivialer Weise auch keinen Schlüsseltransport, da der Sender und der Empfänger (ein Torpedo) beim Start sich auf dem gleichen Ort (einem Schiff) befinden.

Bereits im Jahre 1917, in der Zeit des Ersten Weltkrieges, wurde vom amerikanischen Ingenieur Gilbert S. Vernam mit dem US Patent 1,310,719 „Secret Telegraph System“ ein Chiffrier-Verfahren erfunden, das bis heute von Bedeutung ist. Die Erfindung von Hedy Lamarr ist in ihrer Art ähnlich dazu sodass wir dieses Verfahren hier kurz besprechen wollen. Im System von Vernam wird als Klartext ein telegraphisches Signal in der Art des gewöhnlichen Morse-Codes in Form von Folgen der Zahlen 0 und 1 (0 kann für den Punkt, 1 für den Strich stehen) angenommen. Der Schlüssel S ist auch durch eine Folge von 0 und 1, die jedoch in zufälliger Weise auftreten, gegeben (echte Zufallsfolge). Als Chiffrier-Operation O dient die sogenannte EXOR Addition der Zahlen 0 und 1, die gegeben ist durch 0+0=0, 0+1=1, 1+0=1 und 1+1=0. Durch buchstabenweise EXOR Addition des Klartextes K mit dem Schlüssel S entsteht damit der Chiffrat-Text C. Es gilt also K+S=C. Im Empfänger kann als Dechiffrier-Operation wiederum die buchstabenweise EXOR Addition verwendet werden. Es gilt dann C+S= K da K+S+S = K ist. Da sowohl K und S „Ströme“ von 0 und 1 Zeichen sind und auch das Chiffrat C, spricht man hier von einer „Stromchiffrierung“. Stromchiffrier-Systeme, bei denen keine echte Zufallsfolge S genommen wurde, sondern eine „Pseudozufallsfolge“, die von einem „Schlüsselgenerator“ erzeugt wurde, waren über viele Jahre von praktischer Bedeutung. Das US Militär benutzte im Zweiten Weltkrieg mit dem System M 209, das vom schwedischen Erfinder Boris Hagelin stammt, ein solches.

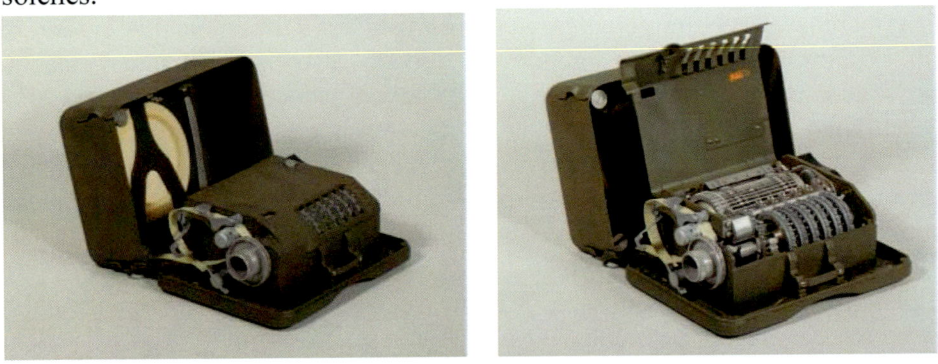

Bild 2: Mechanische Verschlüsselungsmaschine M 209 der US Army

Wie wir später sehen werden, hat auch die Erfindung von Hedy Lamarr in der Architektur Gemeinsamkeiten mit dem Vernam System. Von Hedy Lamarr wird im Prinzip als Schlüsselstrom auch eine Zufallsfolge aus 0 und 1 Zeichen, allerdings in acht Dimensionen, verwendet, die EXOR Operation ist jedoch durch die aus der Radiotechnik bekannte Modulation und Demodulation des zu übertragenden Signals (Klartext) mittels einer Trägerfrequenz ersetzt.

2. Sichere Übertragung von Funksignalen- Spread Spektrum Technik

Bereits beim ersten Einsatz der drahtlosen Telegraphie ist klar geworden, dass im Gegensatz zur Telegraphie über Draht- und Kabelleitungen, die Sicherheit gegen Mithören hier nicht gegeben ist. Wenn ein Sender S mit einem Empfänger E über einen Funkkanal K in Verbindung ist, so kann ja jeder beliebige Empfänger X mithören, solange die vom Sender **A** ausgesandten Funkwellen empfangen und demoduliert werden können. Während dies bei der Funkübertragung durch das Radio und das Fernsehen vorgesehen ist, muss dies bei der Übertragung von geheimen Nachrichten vermieden werden. Um dies zu erreichen kann im Prinzip kann jedes Chiffrier-System dafür eingesetzt werden. Für den Funkbereich wurden jedoch zusätzlich, da meistens eine größere Bandbreite für das chiffrierte Signal zur Verfügung steht, spezielle sehr effektive Verfahren im Rahmen der „Spread Spektrum Technik" entwickelt. Diese bilden heute meistens keinen Gegenstand der Kryptographie und gehören zu den Verfahren der technischen Steganographie. Da auch die Erfindung von Hedy Lamarr diese Technik benutzt, muss kurz darauf eingegangen werden.

Die „Spread Spektrum Technik" bietet zwei wichtige Verfahren, die zur Sicherung von Funkkanälen eingesetzt werden können, an:

(1) das „Direct Sequence" Verfahren (DS)
(2) das „Frequenzsprungverfahren (Frequency Hopping)" (FH)

Beide Verfahren gehen dem heutigen technischen Stand gemäß davon aus, dass der Klartext als digitales Signal vorliegt. Beim „Direct Sequence" Verfahren wird das binäre bipolare Datensignal mit dem von einem Zufallsgenerator erzeugten binären bipolaren Signal, das eine weitaus größerer Bitrate als das Datensignal hat, im Modulator multipliziert und damit das Sendesignal erzeugt. Auf Grund der schnell wechselnden Zufallsfolge ist dieses ähnlich zu einem Rauschsignal. Das Datensignal ist darin gewissermaßen versteckt und kann ohne Kenntnis der Zufallsdaten nicht entdeckt werden. Im Empfänger, wo der Zufallsgenerator synchron das zum Sender gleiche Signal erzeugt, wird im Demodulator das Datensignal wieder erhalten. Das „Direct Sequence" Verfahren findet heute zahlreiche Anwendung. Der dafür notwendige Zufallsgenerator wird typisch mittels einer speziellen Schaltung von Schieberegistern erzeugt.

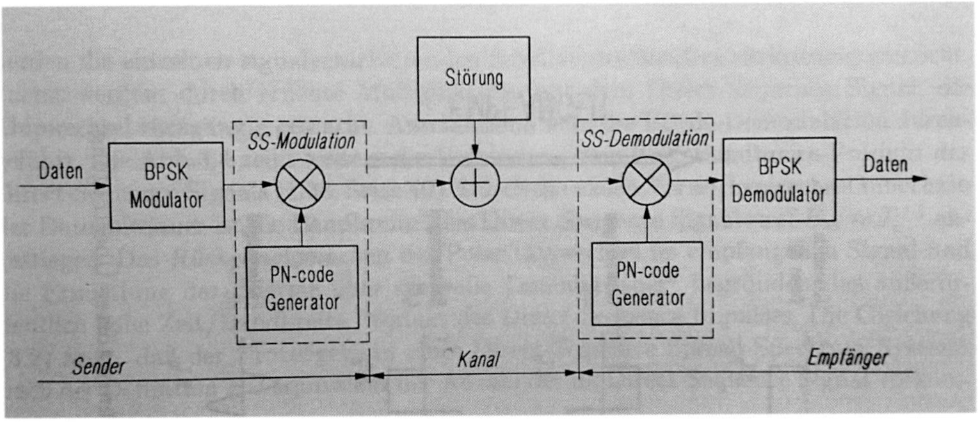

Bild 3: Blockschaltbild eines DS-Funkübertragungssystems

Das Frequenzsprungverfahren (Frequency Hopping) unterscheidet sich vom „Direct Sequence“ Verfahren durch die Modulationsstufe. Während die DS-Modulation im Wesentlichen nur aus einer einfachen Multiplikation besteht, ist der FH-Modulator komplizierter aufgebaut. Ein Zufallsgenerator wählt fortlaufend in schneller Folge abwechselnd von einem Oszillator eine davon erzeugte Trägerfrequenz aus. Wird nun das Datensignal damit moduliert, so hüpft das Sendesignal zwischen den vom Oszillator erzeugten Frequenzen. Im Empfänger sorgt ein synchron laufender Zufallsgenerator für die korrekte Demodulation. Heute wird das Frequenzsprungverfahren hauptsächlich in lokalen Funknetzen, wie solche in der Praxis mit den WLAN´s eingesetzt werden, verwendet. Als bekanntes Beispiel gilt das Verfahren „bluetooth“ von Ericsson. Als Zufallsgenerator wird in der Regel, analog zum DS Verfahren ein mittels einer Schieberegister-Schaltung realisierter Pseudozufallsgenerator eingesetzt. Das von Hedy Lamarr erfundene Frequency Hopping Verfahren, das wir nachfolgend behandeln, verwendet jedoch einen echten Zufallsgenerator.

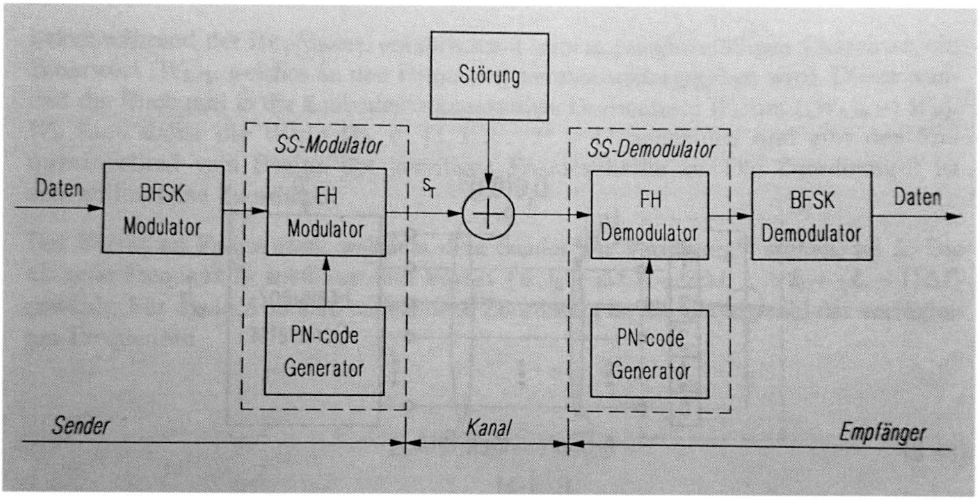

Bild 4: Blockschaltbild einer FH-Funkübertragungsstrecke

3. Die Erfindung von Hedy Lamarr

Am 11. August 1942 wurde an Hedy Kiesler Markey und George Antheil das US Patent 2,292,387 „Secret Communication System" erteilt. Im Folgenden wird versucht, die Entstehungsgeschichte und die Bedeutung dieses Patentes allgemein verständlich zu beschreiben. Über Hedy Lamarr und ihre Erfindung wurde in der Vergangenheit bereits vielfach berichtet und es besteht nicht die Absicht sich hier in wiederholender Weise anzuschließen. Wir wollen deshalb die Entstehungsgeschichte nur in wenigen Worten beschreiben, gehen aber später bei der Beschreibung auf die technische Funktion und der Bedeutung der Erfindung darauf etwas genauer ein.

Hedy Lamarr (1914-2000), mit bürgerlichen ledigen Namen Hedwig Kiesler, war 1937 nach den USA emigriert und stieg in Hollywood zu einer berühmten Filmgröße auf. Vom Jahre 1933 war sie bis 1937 mit dem österreichischen Industriellen und international tätigen Waffenhändler Fritz Mandl verheiratet gewesen. Als überzeugte Gegnerin des Nazi-Regimes wollte sie in der Zeit des Zweiten Weltkrieges für ihre neue Heimat einen Beitrag zur Stärkung des amerikanischen Militärs leisten. Es ergab sich mehr zufällig, dass sie den amerikanischen Komponisten George Anteil (bekannt als „bad boy of music") kennenlernte und ihn zur Mitarbeit für ein von ihr vorgeschlagenes Projekt gewinnen konnte. Bei dem Projekt ging es um die Entwicklung einer Funksteuerung für Torpedos, die sicher gegen feindliche Angriffe sein sollte. Die grundsätzliche Idee dazu kam von Hedy Lamarr. In der Zeit ihrer Ehe mit Fritz Mandl hatte sie stets Gelegenheit bei Besprechungen dabei zu sein und erfuhr dadurch geheime militärische Informationen. Unter diesen auch vom Verfahren, dass ein Funksignal, das in zufälliger Weise seine Frequenz änderte, nur empfangen werden konnte, wenn man diese Änderungen kannte. Es ist bekannt, dass dieses Verfahren bereits im Ersten Weltkrieg in Deutschland von der Firma Telefunken erprobt wurde. Für das Vorhaben eine praktische Umsetzung dieses Verfahrens zu erreichen war George Antheil der richtige Ansprechpartner. Er hatte schon in den 1920´er Jahren in Paris mit seinem „Ballet Méchanique" die technischen Kenntnisse erhalten, wie man mittels gestanzter Papierrollen (als Vorläufer des Lochstreifens) eine Steuerung für automatisch spielende Klaviere realisieren kann. Der Wechsel der verschiedenen Töne des Klaviers konnte in Analogie zum Wechsel der Frequenzen in dem von Hedy Lamarr geplanten System gesehen werden. Es galt eine technische Lösung zu finden, wie man dieses für Klaviere rein pneumatische System, das die Klaviertasten bewegte, zu einem System, das bei einem Funksender die Sendefrequenzen zu ändern hatte, einsetzen konnte. Zur notwendigen Unterstützung im funktechnischen Bereich sicherten sich Hedy Lamarr und George Antgheil die Mitarbeit von Professor Stuart Mackeown vom California Institute of Technology (heute Caltech University) in Pasadena, der auch in Patentfragen Erfahrung hatte. Im Juni 1941 war die gemeinsame Arbeit soweit gediehen, dass die Patentschrift „Secret Communication System" eingereicht werden konnte. Bereits im August 1942 wurde das Patent angenommen.

4. Technische Details des Patents anhand der Zeichnungen im Patent

Fig 1 stellt das Blockschaltbild für den Sender dar. Als wichtiger Teil kann dabei der Trägerfrequenz-Generator (VARIABLE FREQUENCY CARRIER GENERATOR) gesehen werden. Durch Anschaltung verschieden großer Kondensatoren mittels Kontakte können acht verschiedene Frequenzen erzeugt werden. Die Kontakte dafür werden jeweils pneumatisch über Schläuche geschaltet. Der wechselnde Luftdruck wird durch die Schlitze der laufenden Papierrolle, mit der bei Klavieren die Tasten gesteuert wurden, bestimmt. In Fig 4,5 und 6 ist das Papierband und die pneumatische Schaltung der Kontakte mittels der Schlitze der Rolle, genauer gezeichnet. Die Rolle hatte acht Spuren zur Schaltung der acht Kontakte. Soweit die Beschreibung der technischen Realisierung des Zufallsgenerators mittels der laufenden Papierrolle und der damit erzeugten „hüpfenden" Trägerfreuenzsignale für ein Frequency Hopping System mit acht verschiedenen Trägerfrequenzen.

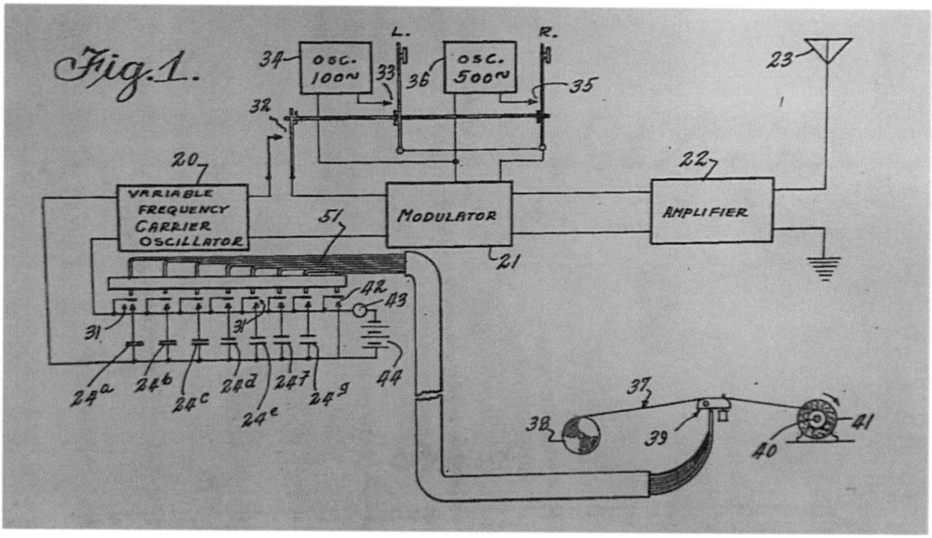

Bild 5: Frequency Hopping Sender von Hedy Lamarr

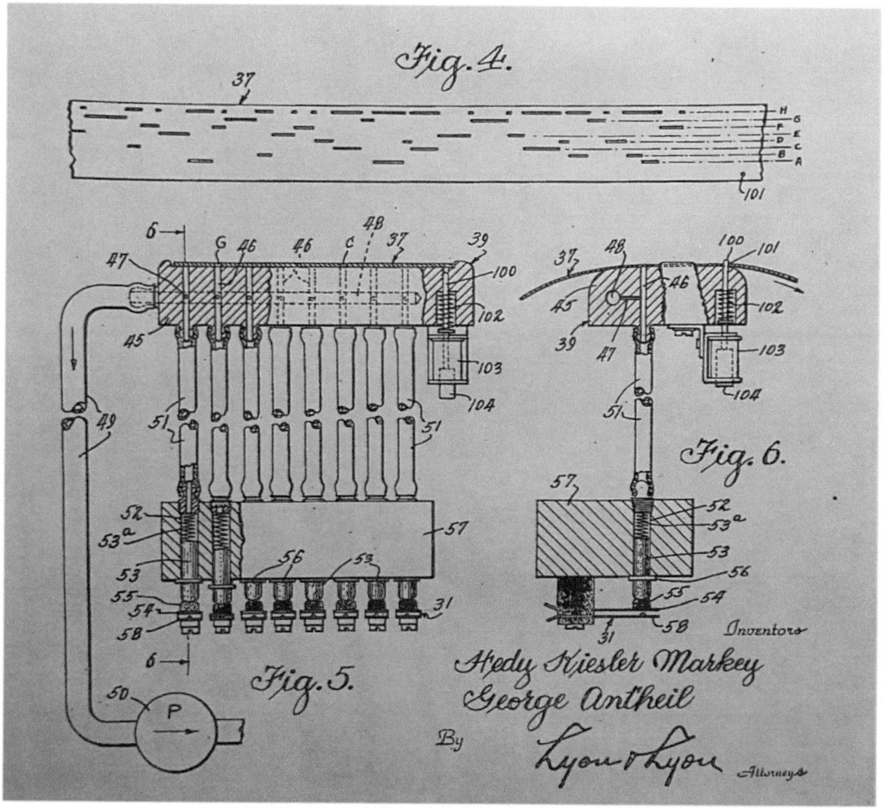

Bild 6: Gestanzter Papierstreifen und Pneumatik-Schaltung der Kontakte

Als Datensignal sieht das Patent nur Rechtimpulse über zwei Eingänge vor, die abwechselnd gesendet werden können. Durch Drücken der Taste für das Signal L wird der Torpedo nach links gesteuert, mit der Taste für R erfolgt die Steuerung nach rechts. Mit L wird der Sender mit 100 Hz moduliert, mit R mit 500 Hz. Über einen Leistungsverstärker (AMPLIFIER) wird über die Antenne das Steuersignal an den Torpedo gesendet. Das Patent sieht neben der Amplitudenmodulation (AM) auch die Frequenzmodulation (FM) und die Phasenmodulation (PM) vor. Zur Höhe der Trägerfrequenz enthält das Patent keine Aussage.

Der am Torpedo befindliche Empfänger ist als Blockschaltbild in Fig. 2 gezeichnet. Das über Funk empfangene Signal wird zuerst in einer Trennstufe (SELECTOR), die auf vier Empfangs-Frequenzen abgestimmt werden kann, ausgesiebt. Die Auswahl der Frequenzen vom Oszillator erfolgt technisch in der gleichen Weise wie dies beim Sender der Fall ist. Die zum Sender identisch gestanzte Papierrolle läuft synchron dazu und ermöglicht so, dass stets die im Sender jeweilig benutzten Trägerfrequenzen ausgesiebt werden. Auf die Trennstufe folgt ein Verstärker (AMLIFIER) und schließlich der Demodulator (DETECTOR). Die damit erhaltene 100 Hz bzw. 500 Hz Signale steuern nach Gleichrichtung jeweils ein Relais mit Umschaltkontakt mit dem schließlich die Einstellung des Ruders des Torpedos erfolgt. Es stellt sich die Frage warum nur vier Frequenzen im Empfänger vorgesehen sind und nicht acht. Im Patent wird diesbezüglich der Hinweis gegeben, dass man durch zusätzliche Signale, die man mit den nicht verwendeten Frequenzen bildet, den Gegner täuschen könnte.

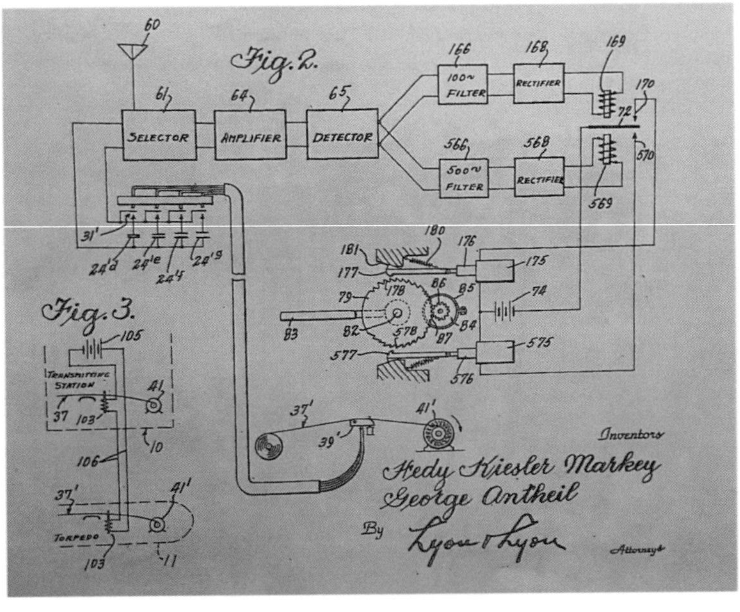

Bild 7: Frequency Hopping Empfänger von Hedy Lamarr

Zusammenfassend kann zum Inhalt des Patents folgende Aussage gemacht werden: Obwohl Hedy Lamarr als Amateur-Erfinderin bekannt geworden ist, ist anzunehmen, dass ihr tatsächlicher Beitrag zum Patent hauptsächlich durch ihr Wissen zum Prinzip des „Frequency Hopping“ gegeben ist sowie zu der damit möglichen Anwendung zur Steuerung von Torpedos. George Antheil hat sich mit dem Patent sicher das Verdienst erworben, dass er erkannt hat, dass man mit der bei automatisch spielenden Klaviere bekannten pneumatischen Technik einen Schaltapparat bauen kann, mit dem in zufälliger Weise Frequenzen ausgewählt werden können. Die radiotechnischen Teile, die keinen besonderen erfinderischen Wert haben, wurden wahrscheinlich ausschließlich von Prof. Stuart Mackeown beigesteuert.

5. Die Erfindung aus heutiger Sicht

Die Erfindung des Verfahrens des „Frequency Hopping“ wird heute hauptsächlich an Hedy Lamarr zuerkannt. George Antheil, obwohl Mitinhaber des Patentes, wird kaum genannt. Wie bereits bemerkt wurde, war die Idee des „Frequency Hopping“ in militärischen Kreisen schon seit der Zeit des Ersten Weltkrieges bekannt. Es wurde aber damals nicht patentiert. Im August 1932 bekam W. Broertjes das US Patent „Method of Maintaining Secrecy in the Transmission of Wireless Telegraphic Messages“ das auch Frequency Hopping zu seiner Funktion einsetzte. Soweit bekannt wurde dieses Patent nicht weiter genutzt. Das Patent von Hedy Lamarr und George Antheil hat den Vorzug der Verwendung eines echten Zufallsgenerators. Es kann damit durchaus, von der kryptographischen Idee her, mit dem System von Vernam und auch mit dem „one time pad“ verglichen werden. Das Verfahren des Frequency Hopping selbst ist, wie bereits vorher erwähnt wurde, als ein steganographisches Verfahren einzustufen. In technischer Hinsicht entsprach das Patent jedoch nicht dem Stand der Zeit. Im Jahre 1942 waren bereits schon seit langer Zeit die Verwendung von Lochstreifen und Magnetbänder zur Realisierung von Zufallsgeneratoren in Gebrauch. Die Verwendung pneumatischer Steuerungen in der Art der automatisch spielenden Klaviere wurde von Fachleuten sicherlich für die Steuerung eines Torpedos als ungeeignet eingeschätzt. Dass die US Militärbehörden kein weiteres Interesse an der Erfindung zeigten war verständlich. Bereits 1942 wurde mit dem auf höchster Geheimstufe stehenden SIGSALY System ein hochsicheres System für Telefonverbindungen, das „Frequency Hopping“ verwendete, in Betrieb genommen. Zur Speicherung der dafür benötigten Zufallsfolgen wurden bei diesem System Schallplatten verwendet.

Schluss

Der Aufsatz versucht die technische Funktion des US Patents „Secret Communcation System“ von Hedy Lamarr und George Antheil in allgemein verständlicher Weise darzustellen. Die Priorität für die Erfindung des „Frequency Hopping“ ist durch dieses Patent gesichert. Die zahlreichen posthumen Ehrungen, die dafür Hedy Lamarr erhalten hat, waren angebracht. Hedy Lamarr selbst hat in ihren Schriften dieses Patent anscheinend nie erwähnt. Wir sind in Europa, und besonders in Österreich, darauf stolz, dass wir mit Hedy Lamarr nicht nur die schönste Frau der Welt sondern auch eine heute berühmte Erfinderin nach den USA, besonders nach Hollywood, exportiert haben. Im Gegenzug bekamen wir zu ungefähr gleicher Zeit Luis Armstrong, Coca Cola und den Chewing Gum.

Bild 8: Hedy Lamarr, ca 1939

Wir freuen uns, wenn in Europa heute zu Hedy Lamarr neue Bücher erscheinen und Ausstellungen gemacht werden. Die Aussagen „dass ohne Hedy Lamarr die Mobil-Telefonie und das Handy nicht existieren würden und wir auch kein Internet hätten“ die öfters gemacht werden sind aber gelinde gesagt übertrieben und daneben gegriffen. In ähnlicher Weise könnte man dann sagen, dass ohne Alessandro Volta (dem Erfinder des galvanischen Elementes) dies alles auch nicht existieren könnte. Frequency Hopping gehört sicherlich heute, neben vielen anderen, zu den wichtigen Bausteinen der Informations- Technologie und wir tun gut daran Hedy Lamarr dafür zu ehren.

Schriften (die zur Vertiefung helfen können)

Andrea Winkelbauer (Hg) : Lady Bluetooth. Hedy Lamarr
Jüdisches Museum Wien 2019
(Ausstellungskatalog)
Richard Rhodes: Hedy´s Folly. Doubleday, New York 2011
George Antheil: Enfant terrible der Musik. Deutsche Buchgemeinschaft
Berlin 1960
Albrecht Beutelsbacher: Kryptologie. Vieweg Verlag,
2. verbesserte Auflage, Braunschweig 1991
Friedrich L. Bauer: Entzifferte Geheimnisse.
Springer-Verlag Berlin Heidelberg 1995
Alois M.J. Goiser: Handbuch der Spread Spektrum Technik
Springer Verlag Wien, 1998

Dankesworte

Ich danke dem GEMI Verlag für die Einladung zur Erfindung von Hedy Lamarr einen Aufsatz zu verfassen. Bei der vom Zentrum für Kommunikation und Medien (ZKM) im Jahre 2011 durchgeführten Ausstellung „CAR CULTURE“ hatte ich auf Einladung von Prof. Peter Weibel bereits die Gelegenheit bekommen im Bereich „Mobile Kommunikation per Funk“ mitzuwirken und die Erfindung von Hedy Lamarr zu würdigen. Die Ausarbeitung dieses Aufsatzes hat jedoch mein Wissen um diese Erfindung wesentlich bereichert. Allerdings leide ich momentan an den Folgen meiner Internetsuche nach Informationen zu Hedy Lamarr: Ich bekomme seither ständig per E-mail Einladungen zur Bestellung von Nacktfotos. Danke Google.

Bildnachweis: Bild 1 Beutelsbacher, Bild 2 Pichler, Bild 3,4 Goiser 1998, Bild 5,6,7 Patentschrift, Bild 8: Archiv ZKM , Prof. Weibel.

erschienen in „Trödler“ 04/2021

6.7 Richtfunksysteme für Radio, Fernsehen und Telefonie

Um möglichst viele Empfänger zu erreichen werden bei den für Radio und Fernsehen eingesetzten Funksystemen vom Sender die „Radiowellen“ radial in alle Richtungen ausgestrahlt. Beide sind „Broadcast-Systeme“ Bei Richtfunksystemen dagegen werden die „Funkwellen“ im Sender stark gebündelt und genau in die Richtung des dafür vorgesehenen Empfängers ausgestrahlt. Der Empfänger muss dabei in Sichtweite sein. Indem man solche Richtfunkstrecken aneinander fügt, kann man ein Netz aufbauen, das die Übertragung von Programmen von einer Zentrale aus in die einzelne Regionen landesweit ermöglicht Soweit als Einleitung zum Thema Richtfunk.

1. Richtfunknetze

Richtfunknetze haben in den Jahren nach dem Zweiten Weltkrieg zur Versorgung der Regionen mit Radio. Fernsehen und Telefon eine große Bedeutung erlangt. Sie dienten später auch im Internet, zusammen Satelliten-Funksystemen und Glasfaserkabel-Netzen, zur Kommunikation zwischen Computer. Die für Richtfunknetze notwendigen nachrichtentechnischen Geräte wurden erst vor etwa 100 Jahren entwickelt. Ein Hauptgrund dafür war, dass die für den Richtfunk notwendige Bündelung der „Radiowellen“ nur mit Mikrowellen, deren Wellenlänge im Dezimeter- und Zentimeterbereich liegt, praktisch möglich ist. Im Gegensatz zu den Mittelwellen und Kurzwellen, die bereits vor dem Zweiten Weltkrieg gut erforscht und in Funksystemen angewandt wurden, wurden Ultrakurzwellen und Mikrowellen erst während des Zweiten Weltkrieges für militärische Zwecke näher erforscht und in verschiedenen militärischen Systemen eingesetzt. Dass heute Ultrakurzwellen und Mikrowellen von großer praktischer Bedeutung sind verdanken sie dem Umstand, dass damit ein Frequenzbereich erreicht ist, der die Unterbringung von zahlreichen verschiedenen Übertragungskanälen ermöglicht. Ultrakurzwellen ermöglichten als Ergänzung zu der bisherigen Amplitudenmodulation (AM) die Einführung der Frequenzmodulation (FM), die eine größere Bandbreite braucht. Mikrowellen erlauben die Realisierung von Übertragungskanälen großer Bandbreite, wie diese für Fernsehen, Mehrkanal-Telefonie und für eine schnelle Datenübertragung notwendig sind. Im Rahmen der Einrichtung des Fernsehens und der landesweiten Telefonie wurden in Deutschland und in Österreich deshalb Richtfunknetze errichtet. Zur Demonstration zeigen wir im Folgenden Landkarten der in der BRD und in Österreich in den ersten Jahren eingerichteten Richtfunknetze. Der Aufsatz behandelt nur die Richtfunktechnik der frühen Jahre in denen noch Vakuum-Elektronenröhren zur Verstärkung und Schwingungserzeugung eingesetzt wurden. Heute sind die Elektronenröhren durch Halbleiterschaltungen in integrierter Technik ersetzt. Als Sammelgebiet bieten sich die mit

Elektronenröhren aufgebauten Bausteine, die auf Flohmärkten angeboten werden, jedoch an.

Heute sind die Richtfunksysteme und die damit gebildeten Funknetze, die damals für die landesweite Übertragung der Radio- und Fernsehprogramme sowie auch für den Telefon-Weitverkehr, als Alternative zu den Koaxialkabel-Netzen wesentlich waren, nicht mehr in Betrieb. Die moderne Übertragungstechnik wird nun für Radio, Fernsehen und Telefon und auch für Daten des Internet vorwiegend mittels Glasfaserkabel (Lichtwellenleiter) und international auch über Satellitenfunk realisiert. Die früher noch eingesetzten Elektronenröhren sind dabei weitgehend durch Halbleiterbausteine ersetzt worden.

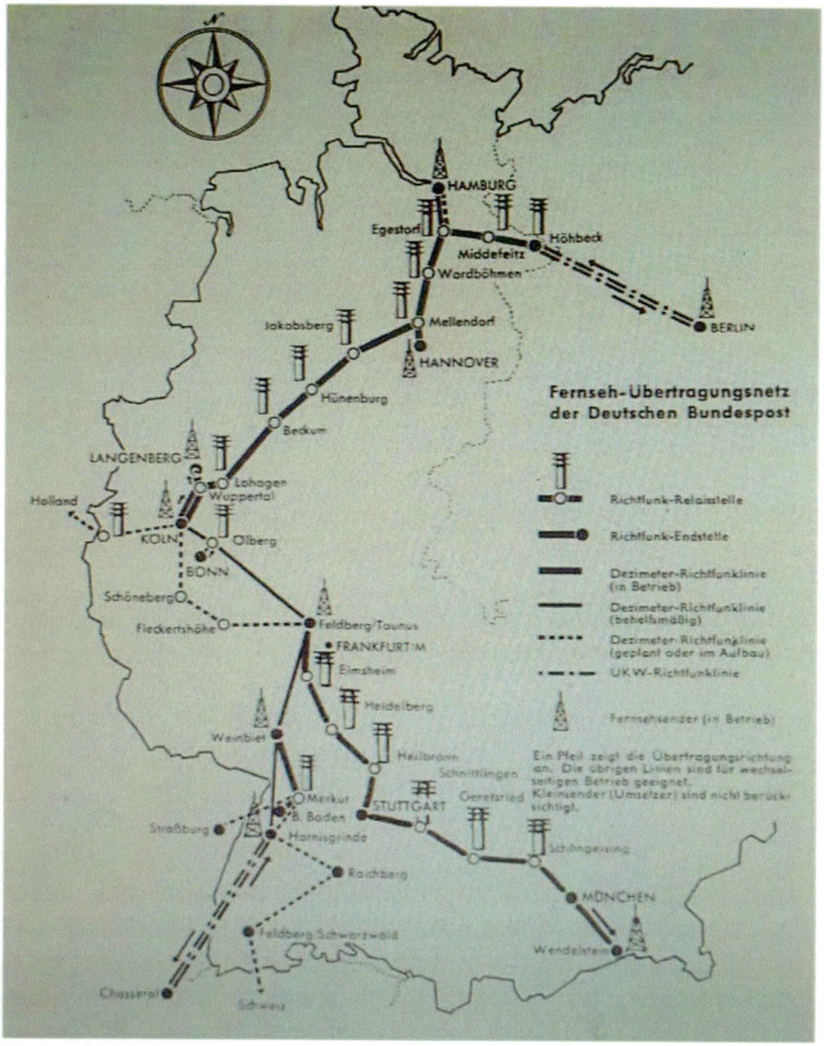

(1) Fernsehnetz der Deutschen Bundespost 1954

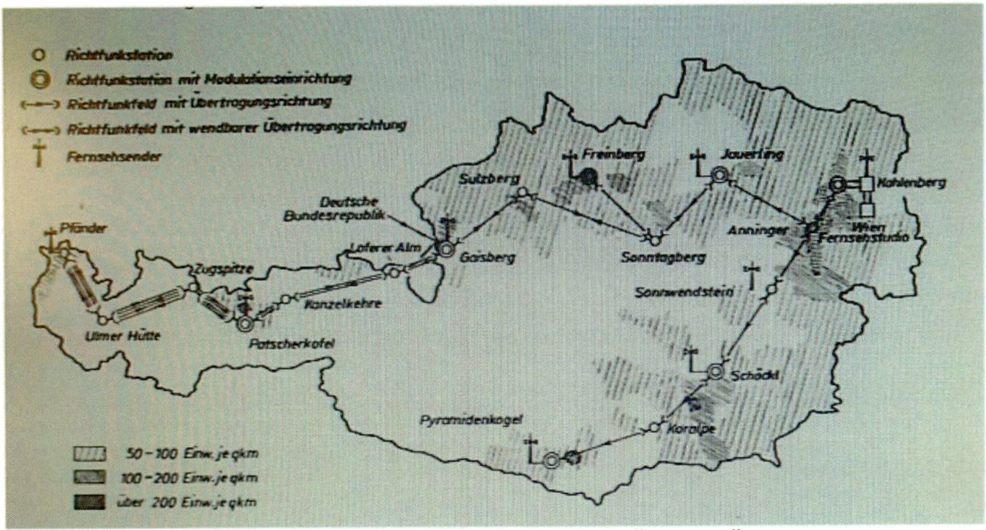

(2) Richtfunknetz für den UKW Rundfunk der ÖPT in Österreich 1959

Spätestens nun gilt es die Leser zu informieren warum der Verfasser ausgerechnet über Richtfunk hier einen Aufsatz bringt. Als Gründe sind anzuführen

(1) Im Vergleich zu den Kabelnetzen und üblichen Funknetzen für Radio und Fernsehen (für jüngere Leser können wir noch WLAN´s wie BLUETOOTH anführen) sind Richtfunknetze wenig bekannt. Der Aufsatz kann das Übertragungssystem „Richtfunk“ besser bekannt machen.

(2) Das Thema „Richtfunk“ eröffnete für den Verfasser eine interessante Sammeltätigkeit.

(3) der Verfasser war vor mehr als sechzig Jahren als Techniker auf Richtfunkstationen tätig und sollte damit in der Lage sein aus eigener Erfahrung über den „Richtfunk“ zu berichten.

Die weitere Vorgehensweise ist die, dass wir uns zunächst mit der Mikrowellentechnik beschäftigen, indem wir wichtige Bausteine wie Verstärker, Wellenfilter, Oszillatoren und Antennen, die alle in ihrem Aufbau grundverschieden zur üblichen Radio- und Fernsehtechnik sind, kurz behandeln. Anschließend bringen wir Bilder zu nachrichtentechnischen Geräten in Richtfunkstationen um schließlich zuletzt auch verschiedene Richtfunktürme und Richtfunkstationen im Bild zu zeigen. Den Abschluss bilden Beispiele von Bausteinen der Mikrowellentechnik aus der Sammlung des Verfassers.

2. Bausteine der Mikrowellentechnik

Elektronenröhren

In den Sendestationen und auch in den Empfangsstationen des Richtfunks müssen Mikrowellen in ihrer Leistung verstärkt werden. Wegen den dabei auftretenden hohen Frequenzen bis in den Bereich von Gigahertz (GHz) mussten dafür spezielle Elektronenröhren entwickelt werden. Die übliche Triode, wie diese seit Beginn des Rundfunks bekannt war und für die Verstärkung von Mittelwellen eingesetzt wurde, hat im Bereich der Mikrowellen die Form der „Scheibentriode". Sowohl der Heizfaden als auch das Gitter und die Anode sind bei diesen scheibenförmig gestaltet und haben sehr kurze Abstände voneinander. Weiters sind die Anschlüsse als konzentrische voneinander durch Glas oder Keramik isolierte Metallringe gestaltet, sodass die Ankopplung an die anschließenden Hochfrequenzkreise weitgehend ohne Verlust geschehen kann.

(3) Scheibentrioden

Für die Erzeugung eines leistungsstarken Sendesignals im GHz-Bereich werden Wanderfeldröhren eingesetzt. Diese bestehen aus einer Glasröhre an deren Ende eine Glühkathode, die als Elektronenkanone wirkt, liegt. Am anderen Ende befindet sich die Anode (Kollektor). Dazwischen liegt eine Drahtwendel (Helix) an der das zu verstärkende Signal eingekoppelt wird. Der Elektronenstrahl wird durch ein starkes axial zu Röhre gerichtetes Magnetfeld gebündelt. Die Verstärkung des Signals wird durch eine Wechselwirkung zwischen dem auf der

Helix transportierten Signal und dem Elektronenstrahl erreicht. Wanderfeldröhren sind, wegen ihrer hohen Leistung, bis heute in den Verstärkern (Transponder) der Satellitensysteme im Einsatz.

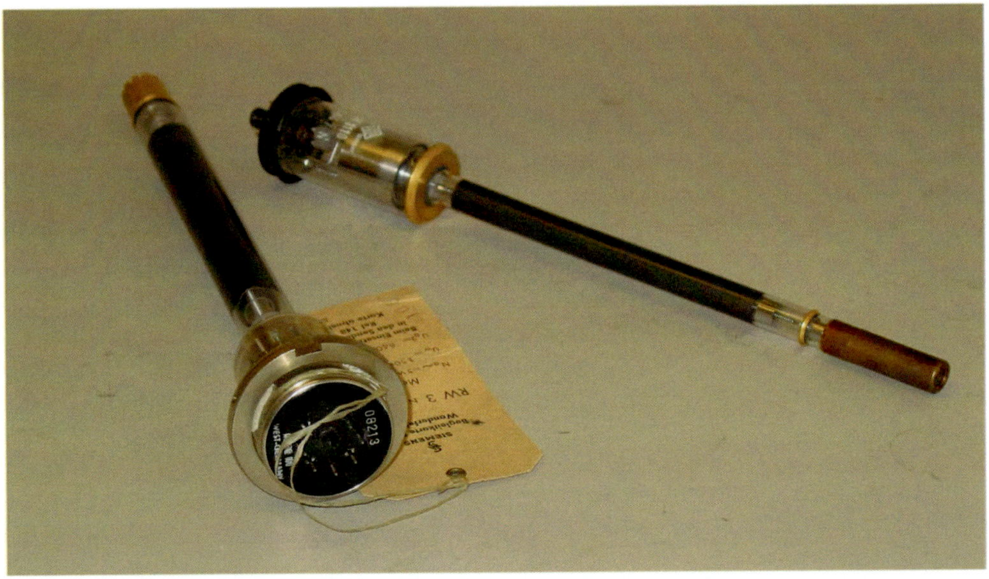

(4) Wanderfeldröhren

Neben Scheibentrioden und Wanderfeldröhren sind noch Klystron und Magnetron Arten von Elektronenröhren, die im Bereich der Mikrowellen zur Verstärkung und Schwingungserzeugung eingesetzt werden. Davon wird das Reflexklystron in der Richtfunktechnik stärker eingesetzt. Bei einem Klystron hat die Laufzeit der von der Glühkathode erzeugten Elektronen eine wichtige Funktion. Durch Wechselwirkung des Strahls mit dem Feld eines Hohlraumresonators, der einen Schwingkreis darstellt, kommt es zu Paketbildungen und damit zur Verstärkung des eingespeisten Signals. Während bei Mehrkammer-Klystrons in mehrerer Stufen die Verstärkung erfolgt. Beim Reflexklystron erfolgt die Schwingungserzeugung durch Rückkopplung mit nur einem Resonator, dessen Größe die erzeugte Frequenz bestimmt.

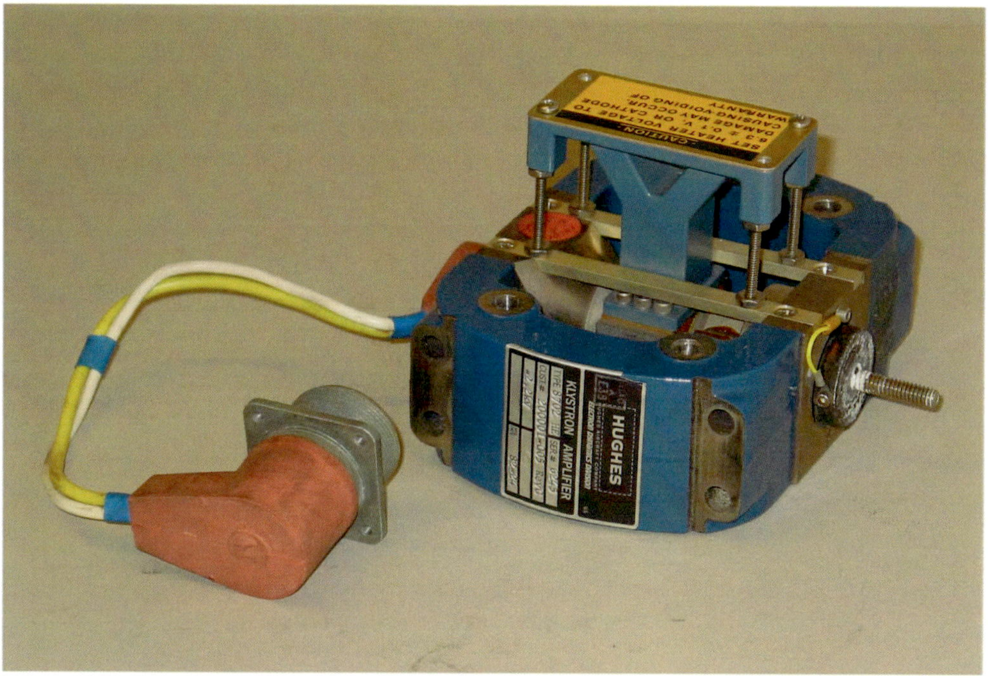

(5) Klystron-Verstärker

Neben dem Klystron ist auch das Magnetron als eine Elektronenröhre im Bereich der Mikrowellen bekannt. Dessen Anwendung erfolgt jedoch hauptsächlich bei Radar-Geräten und bei Mikrowellen-Herden. Im Bereich des Richtfunks werden Magnetrons nicht eingesetzt.

Richtfunkantennen

Zur Abstrahlung der im Richtfunk eingesetzten Mikrowellen und auch zu deren Empfang spezielle Antennen im Einsatz. Zur Konzentration des Signals wird die Spiegelwirkung, die ein Metallblech auf eine elektromagnetische Welle hat, ausgenützt. Indem man das Blech zu einem Parabolspiegel (bitte nicht „Schüssel" sagen) biegt werden wie bei einem Brennspiegel die empfangenen Signale konzentriert auf die eigentliche Empfangsantenne gestrahlt. Dies ist eine Methode, die bereits von Heinrich Hertz anlässlich seiner Experimente mit den „Hertzschen Strahlen" verwendet hat. Der Anschluss der Antenne an die Sendestufe und der Empfangsstufe kann entweder über ein Koaxialkabel oder über einen Hohlleiter erfolgen.

3. Richtfunkstationen

Es wurde eingangs bereits bemerkt, dass Sender und Empfänger einer Richtfunkverbindung in Sehentfernung sein müssen. Um dies zu erreichen ist es notwendig, dass die Stationen auf Berghöhen, auf Türmen oder in Stadtnähe auf hohen Gebäuden errichtet werden. Diese so errichteten Richtfunkstationen sind heute weitgehend ohne Personal in Betrieb. Ihre ursprüngliche Bedeutung zur Übertragung von Radio-Fernseh- und Telefoniesignalen ist jedoch weitgehend erloschen. Für spezielle Richtfunknetze, so für die Polizei, Rettung und für das Militär werden sie jedoch noch eingesetzt.

(6) Fernmeldturm Wien Arsenal

(7) Richtfunkstation Sonntagsberg (bei Amstetten,NÖ)

(8) Richtfunkstation Untersberg (Salzburg)

Geräte in Richtfunkstationen der 1950´er Jahre

Die ersten Richtfunkstationen wurden in Deutschland mit den von Telefunken für die Übertragung des Fernsehens entwickelten Freda Geräten ausgestattet, die im Frequenzbereich von 2 GHz arbeiteten und ein Fernsehsignal mit einer Bandbreie von 5 MHz übertragen konnten. Später wurden diese durch 4 GHz Geräte ergänzt, die neben dem Fernsehen auch zur Übertragung von 960 Telefonkanälen ausgelegt waren. Als speziellen Gerätetyp zur Übertragung von UKW Rundfunkkanälen mittels Richtfunk wurde von Telefunken das PPM Gerät (PPM= Puls Phasen Modulation) entwickelt. Dieses wurde erfolgreich im Jahre 1959 in Österreich für den UKW Rundfunk in Betrieb genommen.

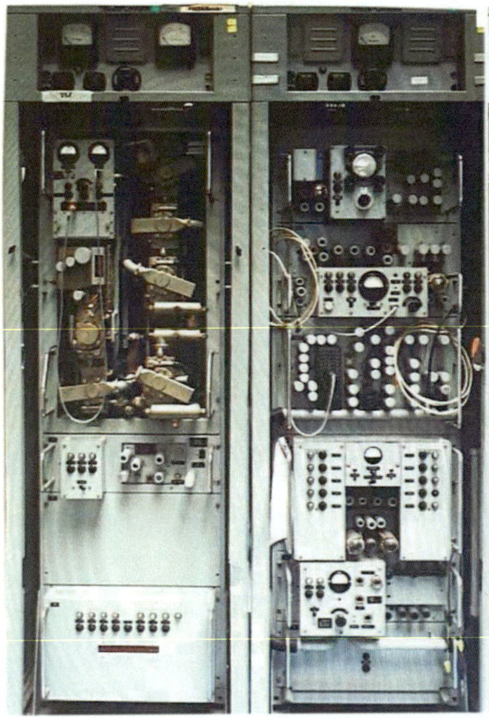

(9) Telefunken Freda

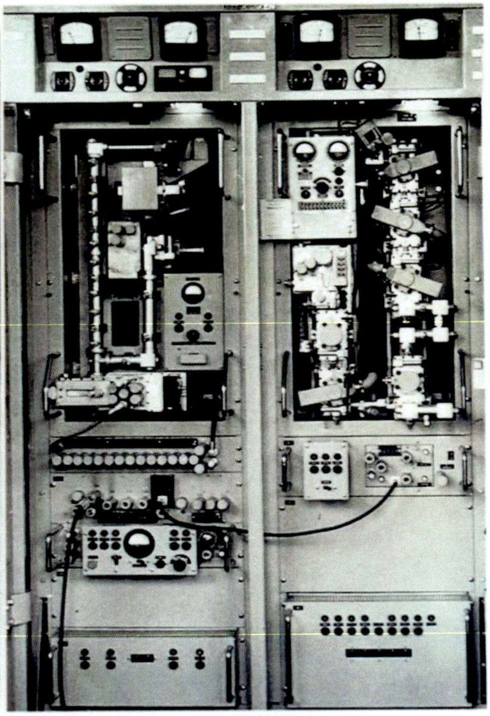

(10) Telefunken 4 GHz

(11) Telefunken PPM

Der Verfasser dieses Aufsatzes hatte im Sommer 1961 als Angestellter des Fernmeldebetriebsamtes Salzburg Dienst auf den Stationen Gaisberg (dem Hausberg der Stadt Salzburg) und Loferer. Zu dieser Zeit waren an der Richtfunkstation Gaisberg drei verschiedene Gerätetypen im Einsatz: (1) PPM Anlagen von Telefunken, die für die Übertragung des UKW Rundfunks in Österreich sorgte, (2) 4 GHz Anlage von Siemens & Halske für das Fernsehen in Österreich (3) 2 GHz Anlage von Telefunken (Freda) die für die Fernsehstrecke nach München zuständig war. Die Station Gaisberg stellte für das Fernsehen eine Schaltstelle nach Deutschland dar und es war beim Empfang einer Sendung, die über München kam und in Österreich ausgestrahlt werden sollte notwendig den Freda Empfänger mit einem Antennenschalter auf „München" zu schalten und das damit empfangene Signal in Österreich einzuspeisen. Der Verfasser, als damaliger Anfänger, hat hier Erinnerungen. Durch einen Fehler im Freda Empfänger (der Verfasser hatte eine falsche Röhre im Zwischenverstärker gesteckt) blieb der Empfang aus „München" aus, die angesetzte Eurovision-Übertragung einer Messe aus Mainz fiel deshalb aus. Die nachfolgende Übertragung eines Fußball-Länderspiels zwischen Russland und Österreich (das Fernsehsignal kam über Finnland und Deutschland) kam aber zustande, da mit Unterstützung durch einen erfahrenen Kollegen, der so schnell es ging auf den Gaisberg kam, der Empfänger notdürftig repariert werden konnte.

4. Sammeln von Bausteinen der Mikrowelletechnik

Der Verfasser hatte in der Vergangenheit seine Sammelleidenschaft auch auf das Gebiet des Richtfunks und der Mikrowellentechnik ausgedehnt. Da Fernmeldtürme und ganze Richtfunkstationen verständlicherweise dafür nicht erworben werden konnten, musste er sich auf Bausteine der Mikrowellentechnik beschränken. Auf speziellen Flohmärkten, z.B. am Flohmarkt von HAM RADIO, der jährlich stattfindenden Messe für Radioamateure in Friedrichshafen, wurden in der Vergangenheit immer wieder neuwertige Bausteine dazu angeboten. Auch der Verfasser wurde dort mehrmals „fündig“. Die Bilder zeigen einige wenige Bausteine davon.

(12) Verstärker mit Scheibentriode 2C39A, Siemens & Halske

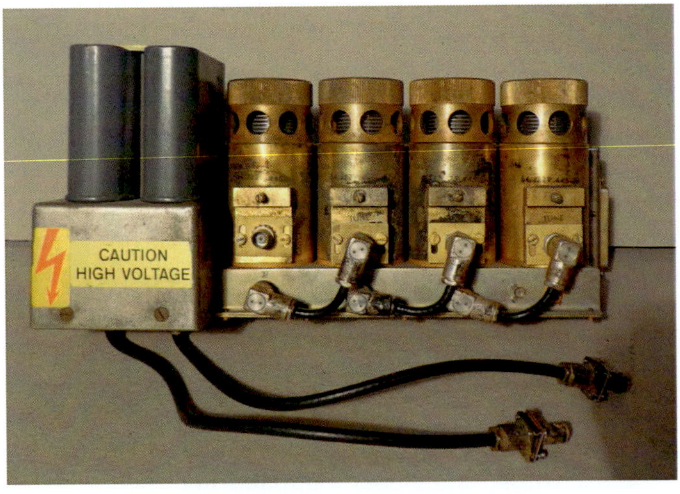

(13) Verstärker mit vier Scheibentrioden 2C39A, Telefunken

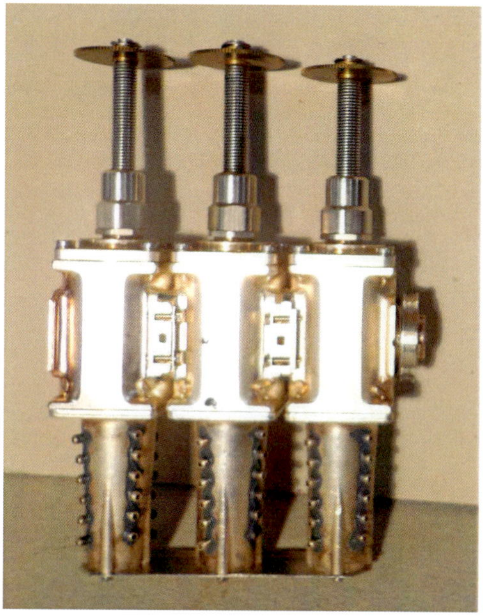

(14) Bandfilter, Siemens & Halske

(15) Koax-Antennenschalter

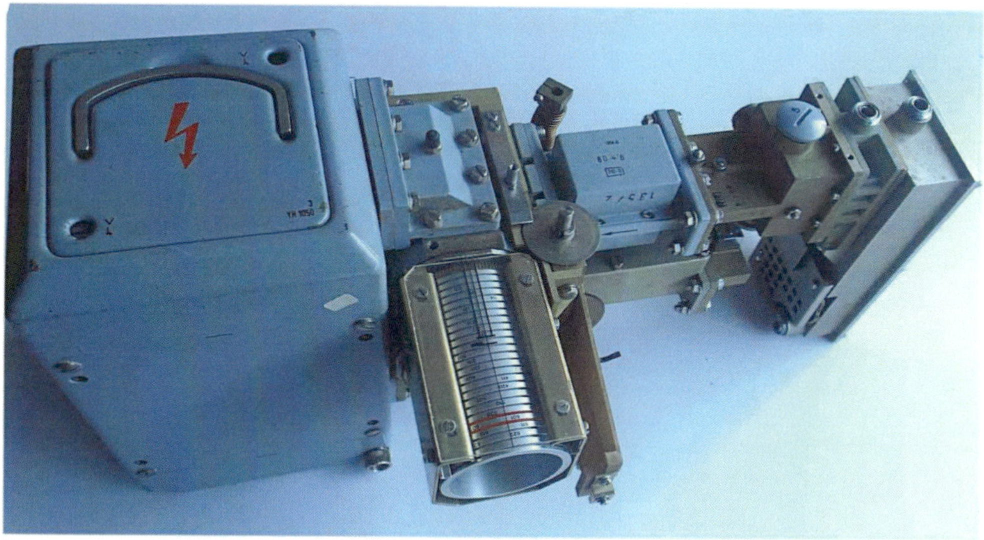

(16) Wanderfeldröhren-Verstärker, 6 GHz, Telefunken

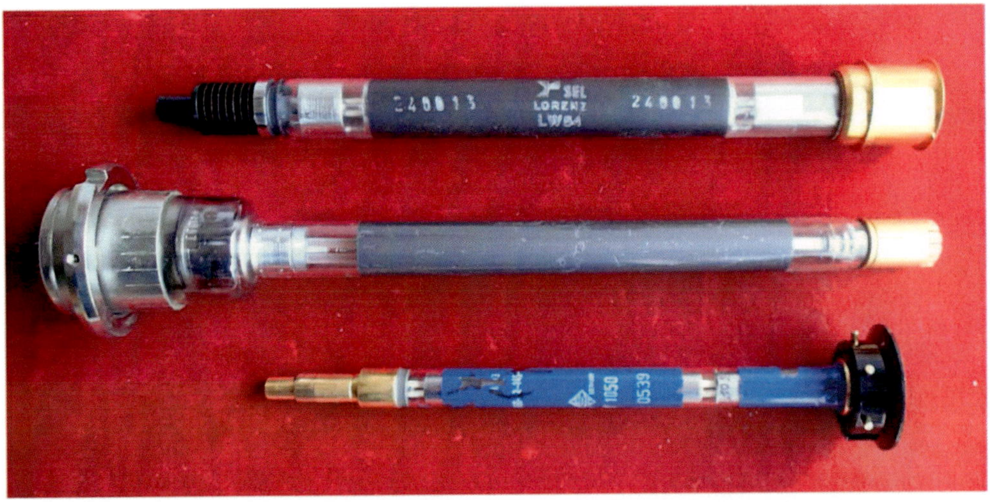

(17) Wanderfeldröhren von Lorenz, S&H, Telefunken

(18) 4 GHz Oszillator RK25, Siemens & Halske

Schlussworte

Die Fortschritte in der Mikroelektronik, die in den vergangenen Jahrzehnten zu einer weitgehenden Digitalisierung der Telekommunikation führten, haben auch den Richtfunk verändert. Die in diesem Aufsatz behandelten speziellen Elektronenröhren sind heute im Richtfunk durch Halbleiterbausteine ersetzt. Während in den ersten Jahren des Richtfunks die Sendefrequenzen im Bereich von einigen Gigahertz lagen, liegen heute die Frequenzen im Bereich von 50 Gigahertz und darüber. Mit steigender Frequenz sinkt die Größe der dafür eingesetzten Bausteine. Die im Aufsatz gezeigten Bausteine haben eine Größe von einigen Zentimeter. Moderne Bausteine gleicher Funktion haben wesentlich kleinere Abmessungen. Mikrowellen Bausteine aus der ersten Zeit des Richtfunks sind daher wegen ihrer Größe und wegen ihrer technischen Ausführung aus Glas, Keramik und Metall erstrebenswerte Sammlerstücke.

Schriften

Erich Pehl: Mikrowellentechnik, VDE Verlag 1984
Erich Pehl: Mikrowellentechnik 2. Band, Hüthig Verlag 1984
www Deutsches Fernsehmuseum
www Technikforum Backnang
Richtfunk in Österreich, Festschrift 1959

Bildnachweis: Archiv des Autors

erschienen in „Trödler“ 05/2025

7 Auflösen von Sammlungen

Sammler üben ihr „Gewerbe“ meistens mit Leidenschaft aus. Dies schafft, wie wir wissen, so manche Leiden aber auch viele Freuden. Schließlich entsteht über die Jahre hinweg eine Sammlung an der man jeden Tag seine Freude hat. In meinem Fall kommt diese Freude meistens am Abend auf, wenn ich zu Bett gehe und im Vorbeigehen einzelne Sammlungsstücke mit meinen Blicken streichle.

1. Typen von Sammlern

Jeder Sammler betreibt seine Leidenschaft in eigener Weise. Diesbezüglich können wir zwischen folgenden Arten von Sammlern unterscheiden: Die Gattung der „Alles Bleibt“ Sammler halten ihre Sammlungsstücke ein Leben lang zusammen. Ein einmal in die Sammlung aufgenommenes Stück ist sicher, dass es nicht wieder verkauft oder vertauscht wird. Auch wenn es etwa wertlos geworden ist wird es nicht entsorgt. Sammler dieser Gattung sind in Gefahr, dass der Platz für die Sammlung zu klein wird. Es müssen dann neue Räume, etwa durch Anmietung, geschaffen werden. Eine andere Art von Sammler sind die „Alles Fliesst“ Sammler. Diese sind bereit einzelne Sammlungsstücke nach einiger Zeit wieder durch Tausch oder Verkauf wegzugeben. Man bekommt so neue Stücke in die Sammlung und mit dem Erlös der verkauften Stücke besteht die Möglichkeit neue Objekte zu erwerben. Um die Dynamik zu beleben werden „Alles Fliesst“ Sammler oft zu Flohmarkthändlern. Ich spreche da aus eigener Erfahrung. Man belebt so den Sammlermarkt und neue freundschaftliche Kontakte entstehen. Schließlich gibt es die Gattung der „Bestes Bleibt“ Sammler. Diese wollen stets nur die besten Stücke in ihrer Sammlung behalten und das zweitbeste Stück wird bei nächster Gelegenheit abgestoßen. „Bestes Bleibt“ Sammler sind oft bei Ankäufen zögerlich und müssen meistens lang überlegen bis es zu einem Abschluss kommt.

2. Das Auflösen einer Sammlung

Nach dieser vorgenommenen Einteilung der Sammler in drei Arten wollen wir uns dem im Titel dieses Aufsatzes genannten Problem nämlich der Auflösung einer Sammlung zuwenden. Welche Möglichkeiten gibt es um im fortgeschrittenen Alter seine Sammlung aufzulösen? Ein „Alles Bleibt“ Sammler neigt eher dazu, dass keinerlei Vorkehrungen für das Weiterbestehen der Sammlung getroffen werden. Die Nachkommen stehen dann vor der schwierigen Aufgabe der Auflösung einer umfangreichen Sammlung. Oft kann nur ein kleiner Teil der Sammlung verkauft werden und der größere Teil der Sammlung wird schließlich verschenkt oder als Sondermüll entsorgt. Die Nachkommen eines „Alles Fliesst“ Sammlers haben es hier meistens einfacher, da die Sammlung meistens nicht so groß ist und der Sammler durch Tausch und Verkauf die Qualität der Sammlung verbessern konnte, wodurch der Verkauf erleichtert wird. Bei einem „Bestes Bleibt“ Sammler haben es die Nachkommen am besten. Die hinterlassenen Sammlungsstücke können meistens an befreundete Sammler oder im Rahmen von Auktionen verkauft werden. Allgemein sind beim Verkauf die nicht mehr als Sammler engagierten Kollegen, die sich nun ganz dem Handel widmen, mit Vorsicht zu betrachten. Natürlich wollen diese in erster Linie die Gustostücke ankaufen sind aber dann, wenn dies nicht gelingt , meistens durchaus bereit „billigst“ auch einen größeren Posten als „Beifang“ zu übernehmen. Man darf das als Sammler allerdings nicht zu negativ sehen. Auf diese Weise kommen die Sammlungsstücke wieder unter die Leute und beleben den Sammlermarkt.

3. Die eigene Sammlung

Nach diesen allgemeinen Erörterungen zu Sammlern und zum Problem der Auflösung ihrer Sammlung soll der Leser erfahren können, wie sich der Autor dieses Aufsatzes diesbezüglich orientiert. Dazu soll zuerst seine Sammlungstätigkeit kurz geschildert werden. Den Beginn setzte die Erwerbung des berühmten Buchwerkes „Kosmos“ von Alexander von Humboldt in den 1970´er Jahren. Aus Unerfahrenheit erwarb er nur die ersten vier Bände ohne den Atlas. Von da an begann das Sammeln von antiquarischen Büchern aus den Gebieten der Naturwissenschaften, der Elektrotechnik und der Nachrichtentechnik. Auch Bücher zu Forschungsreisen in fremde Länder und in die Polargebiete hatten damals sein Interesse. Auf den beruflich notwendigen Reisen ergab sich für den Autor die Gelegenheit viele Antiquariate in Deutschland und Österreich, aber auch in England und in den USA kennenzulernen. Der Höhepunkt beim Sammeln von Büchern war wohl in den 1980´er Jahren erreicht. Zu diesem Zeitpunkt hatte die Sammlung bereits eine gewisse Größe erreicht und historisch wichtige Werke waren darin enthalten. In dieser Zeit wurde jedoch ein neues Sammlungsgebiet „geboren“, das Sammeln von Geräten elektrischer Art, besonders von Telegraphen- und Radioapparaten. Bis heute beherrschen neben Büchern solche Geräte die Wohnung. Im Laufe der Jahre wurde es dringend notwendig zusätzliche Lagerräume in einem Bauernhaus anzumieten um die „zweitbesten“ Bücher und Geräte unterzubringen. Heute im schon fortgeschrittenen Alter besteht die Aufgabe die Sammlung, sowohl in der Wohnung als auch im Bauernhaus, aufzulösen.

4. Eigene Erfahrungen zur Auflösung

Im Prinzip gehört der Autor nach eigener Einschätzung zu den „Alles Fliesst“ Sammlern. Seine Sammlung hat sich durch Tausch und Verkauf ständig verändert. Jedoch stecken in ihm auch Gene der „Alles Bleibt“ Sammler und auch der „Bestes Bleibt“ Sammler. So manche Geräte und Bücher der Sammlung dürfen nicht vertauscht oder verkauft werden, ja nicht einmal verschenkt werden, und es gibt auch Geräte und Bücher, die „ als die besten die erhältlich sind“ eingestuft werden. Seit Jahren versucht er bereits seine Sammlung aufzulösen. Teilweise ist das auch gelungen, so konnte er seine Sammlung von Selbstbau-Radioapparaten aus den 1920ér Jahren und auch der österreichischen Radioapparate der Zeit von 1946 bis etwa 1976 an ein Bezirksmuseum in Wien und an ein neu gegründetes Radiomuseum bei Graz verkaufen. Ebenso gelang der Verkauf seiner Bücher zur Elektrizität, Elektrotechnik und Nachrichtentechnik an ein österreichisches Antiquariat. Auch glückte nach den über Jahre geführten Verhandlungen der Verkauf seiner „Fachbibliothek“ von 650 wissenschaftlichen Büchern, die im Laufe von dreißig Jahren für seine Berufsarbeit von ihm angekauft wurden, an eine österreichische Universität. Die Rechnung dafür wurde gelegt und es besteht die starke Hoffnung, wenn nichts dazwischen kommt, dass diese demnächst bezahlt wird. Weitere 2000 wissenschaftlich-technische Werke, die den Zeitraum von 1900 bis 1950 umfassen, gehen als Geschenk mit. Das Sammeln hat der Verfasser dieses Aufsatzes im Großen und Ganzen aufgegeben, er wird aber hin und wieder, wenn ein besonderes Gerät auftaucht, rückfällig. In diesem Fall versucht er das schlechte Gewissen mit einem entsprechenden Aufsatz zu beruhigen. Die in der Sammlerzeitschrift „Trödler“ erschienenen Aufsätze zu den „Wiener Ballspenden“ und zur “Zündmaschine von Gerzabeck“ entstanden auf diese Weise.

5. „Grab-Beigaben“ zur Schmerzlinderung

Jeder Sammler hängt an gewissen Sammlungsstücken besonders sodass eine gänzliche Auflösung schwierig ist. Zur Schmerzlinderung wird vorgeschlagen, gewisse Sammlungsstücke als eine Art von „Grab-Beigaben“ an die Nachkommen zu übergeben, wobei der fromme Wunsch bestehen soll, dass diese bis zur Auflösung des Grabes nicht veräußert werden. „Grab-Beigaben“ werden so, wie dies auch bei einer Grabstätte der Fall ist, zu einem Mittel der Erinnerung. Die Idee, dass diese Objekte als echte Grab-Beigaben in der Grabstätte untergebracht werden, wird dabei jedoch nicht verfolgt. Das Grab müsste dann eine Art Gruft sein, vermutlich können derzeit Friedhöfe eine solche kaum mehr anbieten, vielleicht wäre auch der Preis dafür zu hoch. Auch die Idee die „Grab-Beigaben“ mit in den Sarg zu bekommen führt zu nichts. Die Sargtischler sind darauf nicht eingestellt. Krematorien dürften mit der Verbrennung von gewissen Grab-Beigaben, denken wir etwa an alte Weine eines Weinsammlers oder an historische Messingtelegraphen oder Schreibmaschinen eines Sammlers von „Alte Technik“, keine Freude haben. Als Lösung für Bücher und auch für Bargeld als Grab-Beigaben bietet sich jedoch als einfachste Lösung ein Schließfach an einer Bank an. Für Kunstwerke und technische Geräte kann zur Aufbewahrung voluminöser „Grab-Beigaben“ ein Speicherraum für Übersiedler angemietet werden.

6. Auswahl von „Grab-Beigaben“

In meinem Fall habe ich mir bereits die „Grab-Beigaben“ überlegt. Von meinen Sammelgebieten Mathematik, Elektrizität, Elektrotechnik, Telegraphie, Telephonie, Drahtlose Telegraphie, Elektrische Messinstrumente und Radio, soll jeweils ein Buch und ein Gerät dazu gewählt werden. Ich beschränke mich jedoch auf Geräte und Bücher die im deutschsprachigen Raum erzeugt bzw. erschienen sind, da diese von meinen Nachkommen später leichter verkauft werden können. Meine Geräte aus den USA und auch die englischsprachigen Bücher muss ich wohl selbst noch „unter die Leute“ bringen, wobei Museen, Buchauktionen und spezielle Privatsammler dafür in Frage kommen.

7. Meine ins Auge gefassten Grab- Beigaben

Die Wahl der Grab-Beigaben muss wohl überlegt geschehen. Einmal muss eine Auswahl so erfolgen, dass der Erbe später im Falle eines Verkaufs einen vernünftigen Betrag noch erhalten kann, zu anderen sollen die ausgewählten Gegenstände auch geeignet sein um das Andenken an den Sammler zu erhalten. Bestehen verschiedene Sammlungen so müssen dort die geeigneten Objekte gefunden werden.

Damit der Leser eine Idee, welche Grab-Beigaben aus meiner Sammlung derzeit vorgesehen sind erhält gebe ich um eine etwaige Neugierde zu befriedigen einige von diesen an. Zum Gebiet Mathematik soll eine mechanische CURTA Rechenmaschine des österreichischen Erfinders Kurt Herzstark, den ich noch persönlich kennenlernen durfte, und als Buch ein EUKLID aus dem Jahre 1537, der in Wittenberg für einen Theologie-Studenten aus Linz einen großartigen Ledereinband erhalten hat, aufgenommen werden. Für die Elektrotechnik stehen als Vertreter ein Eisenbahn- Läutinduktor mit Doppel-T-Anker und Stabmagneten von Siemens & Halske, der in Berlin um das Jahr 1855 erzeugt wurde, und das Buch des österreichischen Autors Urbanitzky „Die Electricität im Dienste der Menschheit" aus dem Jahre 1885, zur Verfügung. Für die Drahtlose Telegraphie, ein Lieblingsfach von mir, kommt ein Kristall-Detektorempfänger von Telefunken (erzeugt von Siemens & Halske) aus dem Jahren um 1911 und das Werk des berühmten deutschen Funk- und Radiopioniers Eugen Nesper „Handbuch der Drahtlosen Telegraphie und Telephonie" erschienen in zwei Bänden im Jahre 1921, in Frage.

Folgende Grab-Beigaben wurden also von mir ausgewählt:

Sammlung Mathematik

Curta Rechenmaschine

EUKLID 1537

Sammlung Elektrotechnik

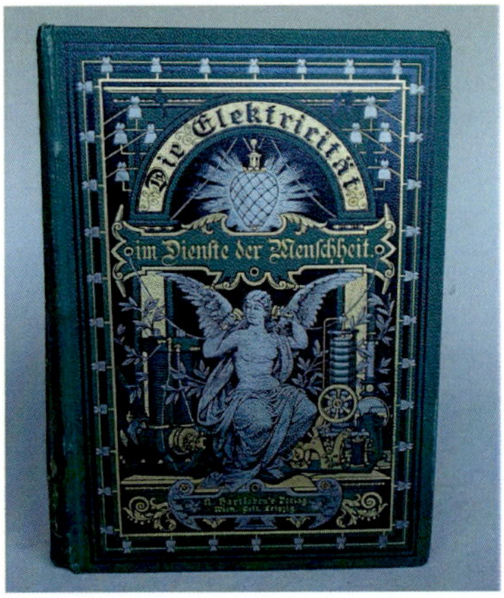

Eisenbahn-Läutinduktor Siemens & Halske   Urbanitzky Electricität

Sammlung Drahtlose Telegraphie

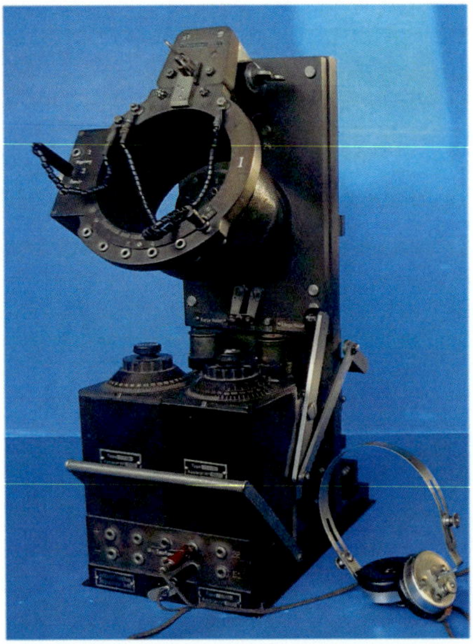

Kristall Detektor Telefunken E28   Nesper Handbuch

In der Zwischenzeit haben die Curta-Maschine und auch der Kristall-Detektor von Telefunken neue Besitzer erhalten, sodass diese entsprechend zu ersetzen sind.

erschienen in „Trödler" 11/2022